아이의 공감과 진정한 소통을 끌어내는

엄마의 말투

초판 1쇄 인쇄 2021년 1월 8일
초판 1쇄 발행 2021년 1월 15일

지은이 심미경
펴낸이 장선희

펴낸곳 서사원
출판등록 제2018-000296호
주소 서울시 마포구 월드컵북로400 문화콘텐츠센터 5층 22호
전화 02-898-8778
팩스 02-6008-1673
전자우편 seosawon@naver.com

블로그 blog.naver.com/seosawon
페이스북 www.facebook.com/seosawon
인스타그램 www.instagram.com/seosawon

총괄 이영철 **마케팅** 권태환, 강주영, 이정태 **편집** 이소정 **디자인** 최아영
외주 디자인 별을잡는그물

ⓒ심미경, 2021

ISBN 979-11-90179-57-7 13590

아이의 공감과
진정한 소통을 끌어내는

엄마의 말투

심미경 지음

서 사 원

아이는 세상과 소통하는 법을
엄마의 말투에서 배운다

국민강사 김창옥은 강연장에서 이렇게 말했다.

"남자가 이성의 매력이 무뎌지면 어떻게 하는지 봤더니 자기의 모국
어를 사용한다고 해요. 어머니 모(母), 나라 국(國), 말씀 어(語), 영어
로 하면 mother tongue(=엄마의 혀). 이 남자가 어렸을 적 자기 엄
마 아빠가 대해준 방식, 부모가 서로를 대했던 방식, 주변에서 들었
던 언어가 모국어를 형성하거든요. 남자는 이성의 매력이 무뎌진 상
대에게 아주 자연스럽게 자기가 편안한 언어를 쓰는 거예요. 행동,
말투, 얼굴 표정, 단어 선택, 문구까지 전부 다요. 그러니까 모국어가
좋은 남자가 여성에게 좋아요."

어렸을 적 양육환경과 양육태도로 형성된 언어는 무의식에 남는
다. 가장 편안하고 안정적인 상황에서 이 잠재 언어가 자연스럽게 흘

러나온다. 의식적으로 사회어를 구사하다가도 무의식적으로 사용하는 말이 어릴 적에 보고 듣고 배운 언어다.

그래서 김창옥 강사는 결혼을 하기 전 상대의 어머니를 만나보고 그 부모의 언어와 집안의 말투, 반응방식을 보는 것이 중요하다고 했다. 또 남자는 예쁘게 말하는 여자와 만날 것을 권했다. 모국어가 좋은 남자, 예쁘게 말하는 여자가 부모가 되면 그 자녀는 자연스럽게 언어가 예쁘고 행동이 바른 사람으로 자라기 때문이다.

엄마가 말을 예쁘게 한다는 것은 말로 마음을 상하게 하지 않는다는 것이다. 고운 말에는 배려와 사랑이 담겨 있다. 그 배려와 사랑으로 아이의 말을 잘 들어 있는 그대로 수용하고 인정한다. 또 자신과 아이의 감정을 헤아려 마음씨 좋은 말로 예쁘게 전달한다.

결국 엄마의 말투는 겉으로만 꾸며진 솜씨 좋은 말이 아니라 마음씨와 만나 만들어진다. 그래서 아이의 공감을 끌어내고 진정한 소통을 느끼게 한다.

오랜 시간을 들여 엄마와 아이의 소통 방식과 그 근본을 고민해왔다. 현재 열아홉 살 딸아이와 열다섯 살 아들, 두 아이의 엄마노릇을 하며 좌충우돌, 너무나 많은 일들을 경험했기에 고민을 안 할 수가 없었다.

처음 엄마노릇을 하면서 얼마나 부족했을까?

딸아이의 엄마노릇과 아들의 엄마노릇은 또 다르다. 솔직하게 이야기하자면 나는 아직도 어려운 엄마노릇을 하는 중이고 알면서도 행하지 못하는 오류 역시 매일매일 경험한다. 특히 아들의 엄마노릇은 하루에도 몇 번씩 멀미가 느껴질 정도로 어렵다. 중2병 아들이 지랄총량의 법칙을 제대로 채우는 중이기 때문이다.

그래도 끊임없이 공부하고 연구한 끝에 소통에는 공감이 가장 중요하며 공감은 순환이 되어야 한다는 결론을 내렸다. 그로 인해 '공감순환법'이라는 소통법을 만들었다.

이 방법을 최대한 적용해 대화하려 노력하며 하루하루를 살아내는 중이다. '중이 제 머리를 못 깎는다'는 말만큼 공감순환법을 내 아이에게 적용하기가 쉽지는 않다. 그렇지만 심호흡하며 최대한의 노력을 하는 중이다. 지금 이 순간 엄마로서 아이와의 대화가 어려운 이유는 내 아들과의 관계에서 초등 고학년 이전에 공감순환법을 제대로 구조화해내지 못했기 때문이다.

하지만 딸과 아들에게 반복 또 반복하며 적용한 공감순환법이 조금씩 빛을 발하는 중이다. 그래서 엄마의 노력은 헛되지 않는다는 말을 이 책에 몇 번이고 반복해서 써놓았다.

공감순환법을 적용한 다양한 사례와 직접 경험을 이 책에 담았다. 많은 엄마가 책을 읽고 아이와의 대화에 적용하면서 노력하고 또 노력해 아이의 마음을 읽어냈으면 좋겠다. 공감하며 소통하는 엄마의 말투를 멋지게 만들어내기를 바라본다.

특히 열 살 이전 아이의 엄마라면 이 책을 한 번이 아닌 꼭 두 번 세 번 이상 반복해 읽었으면 좋겠다. 그렇게 읽고 훈련하고 적용해 아이와 소통하는 창구를 건강하게 만들어두길 당부한다.

열 살 이전 아이들과의 소통은 엄마의 작은 노력에도 큰 변화를 불러올 수 있다. 그러나 이후에는 정말 뼈를 깎는 고통이라고 할 정도의 마음수양이 필요할지도 모른다. 엄마 자신을 내려놓기를 수없이 반복하며 힘겨운 노력을 해야만 아이가 겨우 시선을 한 번쯤 돌려줄까 할 정도로 어렵다.

질풍노도의 시기, 중2병, 사춘기… 지랄총량의 법칙을 다 채워야 끝나는 시기를 그냥 마주하면 감당할 수 없는 고통을 겪는다.

이 글을 수정하는 지금 나는 중2 아들과의 고통스러운 소통의 과정을 지나 조금은 안정을 찾은 상태다. 너무나 힘이 들지만 공감순환법을 적용할 수 있어서 얼마나 다행인지 모른다. 이조차 없었다면 엄마이기를 포기했을지도 모를 일이다.

공감순환법을 적용하기가 처음에는 어렵고 힘이 들 수 있지만 노력하고 또 노력하는 과정에서 분명 엄마의 말투는 달라진다. 엄마의 말투가 달라지면 아이의 태도도 달라진다. 이 과정에서 엄마와 아이의 마음씨가 정돈이 되고 듣기만 해도 기분 좋아지는 말투로 아이와 대화하게 될 것이다.

이 책을 마주하는 엄마가 공감순환법으로 아이와 멋지게 소통하기를 바라본다. 더 솔직한 마음으로는 고운 마음씨를 담은 말투를 가진 엄마들이 많아졌으면 좋겠다.

"자녀들은
그대들을 통해 왔지만
그대들의 소유는 아니다.
그들은 그대들과 같이 살지만
그대들의 마음대로 할 수는 없다."

– 칼릴 지브란(Kahlil Gibran)

엄마의 말투

일러두기

· 본문 중 사례에 나오는 아이들의 이름은 모두 가명을 사용했습니다.

1장

공감받고 자라지 못한 엄마라서 공감하지 못하는 엄마가 됐다

평생을 돌이켜 보아도 가장 오래 남는 기억과 경험은
공감을 나누었던 순간뿐이다.

_제레미 리프킨(Jeremy Rifkin), 《공감의 시대》

내가 부족해
공감순환대화법을 궁리했다

공감은 더하기와 빼기가 합이 되어야 하는 것이다.
듣는 것뿐만 아니라 내어주기를 하고 그것들이 순환이 되어야 한다.

어떤 사람은 투정을 들어줄 용의가 있는지 묻지도 않고 그냥 마구 말을 쏟아놓는다. 마음이 상해서 이야기하는데 듣기 싫다고 막을 수도 없고 그렇다고 끝까지 듣자니 감정노동을 하는 것 같아 힘들다.

그래도 꾹 참고 듣자니 억울한 감정을 이야기하다가 상대를 파렴치한으로 몰았다가 다시 자신을 성인군자로 만든다. 그리고는 혼자 결론을 맺고 어떻게 생각하느냐고 묻는다.

뭐라고 이야기해야 할까? 같은 마음으로 상대를 욕해야 하나? 가만히 들어보니 네 잘못도 있는 것 같으니 너부터 똑바로 행동해야 한다고 말해야 하나? 잘 모르겠다고 말해야 하나?

참 난감하고 어렵다. 솔직히 이렇게 묻고 싶었다.

"그 이야기를 나한테 하는 이유가 뭐야?"

나는 하소연하러 다가온 누군가의 마음에 공감하는 능력이 참 부족했다. 앞과 뒤가 다른 사람의 모습을 보면서도 힘들어했다. 어느 날은 이웃집 엄마가 다가와 이렇게 말했다.

"하은이 엄마, 은혁이네 집에서 전 구워 먹을 때 왜 안 왔어? 하은이 엄마가 못 봐서 대화가 될지는 모르겠는데 아, 정말 전 맛이 뚝 떨어지더라. 집이 어찌나 더럽던지⋯. 애 키우는 집이 왜 그 모양이래? 하은이 엄마가 왔으면 나랑 같은 기분이었을걸. 다시는 그 집에서 뭐 안 먹고 싶어. 아예 안 가고 싶네."

이렇게 말하는 사람 앞에서는 뭐라고 이야기해야 하나?

'당신 집은 누가 봐도 흉잡힐 것 없이 괜찮으냐?'

'앗! 그 정도였어? 알려줘서 고맙고 다음에 갈 일 있어도 절대 가지 말아야겠다.'

이렇게 이야기해야 하나? 그 순간에도 되묻고 싶었다.

"그 이야기를 나한테 하는 이유가 뭐예요?"

도무지 의도를 알 수가 없다. 뒤에서 흉을 실컷 보고는 앞에서는 또 아무렇지도 않은 척하며 세상 좋은 사람처럼 구는 모습을 보며 도대체 왜 저럴까 싶었다.

무엇이 저 사람을 이리 만들었을까? 나는 저 사람과의 소통에서 무엇을 해야 하는가? 어떻게 대응해야 하는가?

의문은 끝이 없고 관계의 어려움이 나에게는 가장 큰 숙제로 다가왔다. 그렇다고 모든 관계를 차단하고 혼자 살 수도 없지 않은가. 그래서 원만한 관계를 위해 선택한 것이 내 생각과 의견은 뒤로 미뤄두고 그저 들어주기만 하는 것이었다.

공감의 기본은 경청이라고 하니 원활한 소통을 위해 경청을 실천하는 것이 가장 현명한 방법이라 생각했다.

사람들이 와서 하는 말을 듣고 그들의 말에 '그렇구나' '그랬구나'만 하고 있으니 비밀 이야기를 들을 기회가 많아지고 몰랐던 사실을 알게 되어 배움의 기회도 늘었다. 하지만 그래도 뭔가 모를 답답함이 늘 내 안에 있었다.

경청만 하는데도 상대에게는 도움이 되는지 사람들이 나를 찾는 횟수가 늘었다. 허나 나는 잘 들어주기는 하지만 진정한 소통을 하는 것은 아니라는 생각이 들었다. 또 열심히 듣기만 하는 경청을 하다 보니 부작용 아닌 부작용이 나타났다. 누군가로부터 둘러둘러 들린 이야기다.

"심미경은 자기가 무슨 성인인 줄 아나 봐. 뭘 다 이해하고 아는 척한단 말이야."

"뭘 얘기하면 잘 들어주기는 해. 또 비밀을 잘 지키는 것 같긴 한데… 뭔가 모르게 기분이 나빠."

참 당황스러운 이야기였다. 나의 애씀과 노력은 어디 가고 물에 빠진 사람 건져놓으니 보따리 내놓으라는 격이 되어 돌아오다니.

사람이 화장실 들어갈 때 마음 다르고 나올 때 마음 다르다더니 힘들어할 때 시간 내어주고 마음 내어주었더니 돌아오는 게 이건가? 어떻게 사람이 그럴까?

그런데 가만히 생각하는 중에 읽었던 책 내용이 떠올랐다. 어떤 책의 어느 구절이었는지는 정확하지 않으나 내용은 이랬다.

'상대의 솔직한 속이야기를 듣고 자신의 속이야기를 하지 않으면 상대는 기분이 나빠진다. 그러면 사이가 좋아지는 것이 아니라 오히려 자신의 부족함을 다 아는 사람에게서 거리를 두고 멀어진다.'

아마도 이 때문 아닐까?

'저 사람이 내 부족함을 다 아는데 비밀을 지켜줄까?'
'나는 속이야기를 다 터놓는데 저 사람은 여전히 나에게 거리를 두는 것 같아 손해 보는 느낌이네.'

혼자서 착각에 빠지기도 하고 망상에 사로잡히면서 자신의 이야기를 들어준 사람에 대한 고마움은 온데간데없고 오히려 부정적 감정이 올라와 거리를 두게 되는 것은 아닐까?

그렇다면 진심으로 돕고 싶었던 마음을 전달할 방법은 없을까? 서로가 손해 본다는 생각을 하지 않고 소통할 방법은 뭐가 있을까? 그렇게 고민하다가 공감은 가만히 경청하는 것만으로 되는 것이 아니라는 결론을 내렸다.

진정한 공감은 잘 듣고 인정하며 상대를 수용하는 자세가 중요하지만 상대의 감정도 내 감정도 인지하고 그것을 잘 전달하는 것 역시 중요하다. 결국 더하기와 빼기가 합이 되어야 하는 것, 즉 듣기뿐만 아니라 내어주기도 잘해야 하고 그것들이 순환이 되어야 한다.

이렇게 포스트잇에 끄적끄적 단어와 글을 기록해두었다. 내 부족함으로 인해 공감하는 법을 발견한 것이다. 하지만 더 발전시키지는 못하고 묻혀 지나갈 뻔한 것을 좋은 사람과의 인연으로 구체화되었고, 또 완성되었다.

잘 듣고 인정하며 감정을 인지하고 제대로 전달해야 한다

'공순법(공감순환법)'은 공감순환소통법, 공감순환대화법으로 일반적인 소통이나 어떤 누구와의 관계에도 적용 가능하다.

지금은 누군가 나에게 와서 속마음을 이야기하면 찬찬히 상대의 이야기를 듣다가 '아, 그랬구나. 너는 그런 감정을 가졌구나. 그런 생각이 들었구나. 아, 네가 그렇게 느끼는구나…' 하고 그 마음을 인정한다. 또 이야기를 들으면서 내 안에서 일어나는 감정을 인지하고 그것을 다시 질문을 통해 상대에게 전달하는 기술이 훈련되어 더 원활한 소통이 가능해졌다.

완벽하지는 않다. 죽을 때까지 완벽할 수는 없을 것이다. 나도 오락가락 왔다 갔다 하는 감정을 가진 사람이기에.

솔직하게 고백하자면 공순법을 적용하기에 가장 어려운 상대는 가까이에 있는 사람들이다. 남편 그리고 내 엄마, 내 딸과 아들이다. 너무나 어렵다. 과거의 경험으로 인한 좋지 않은 감정은 우리의 무의식에 쌓이게 된다. 그 감정이 가장 쉽게 표출되어서 부딪히는 가족을 상대로 공순법을 적용하는 일은 곤혹스럽기까지 하다. 그래도 노력하지 않는 것보다 노력하는 것이 낫고 그 노력은 절대 헛되지 않는다. 분명 변화를 마주하게 되기 때문이다.

나와 같이 노력하고 훈련하려는 엄마들을 위해 외쳐본다.

"누구나 할 수 있어요, 파이팅!"

엄마가 꾸린 가정은
작은 사회다

말로는 훌륭한 교훈을 가르쳐도 실제로는 좋지 못한 모습을 보여주는 것은
한 손에 음식을 주고 다른 손에 독을 쥐어주는 것과 같다.
_존 발가이

오랜 시간이 지났음에도 잊히지 않는 영화의 한 장면이 있다. 아마도 많은 사람에게 짠한 여운을 남겼을 것이다.

범죄 스릴러 영화 〈공공의 적〉. 돈 때문에 패륜을 저지르는 사건 이야기다.

돈이 뭔지… 돈 때문에 부모를 무자비하게 살해한 조규환은 범행 사실을 감추기 위해 사건 현장을 다시 찾아 부러진 자신의 손톱 찾기에 여념이 없다. 부패한 부모의 시체를 들추면서도 아무 감정이 없고 되레 코를 막으며 불쾌해하는 모습까지 보인다.

그런 아들이 휘두른 칼에 찔려 쓰러진 엄마는 마지막 남은 힘을 다해 부러진 손톱을 주워 삼켰다.

아들의 범행 사실을 은폐하기 위해 모성애를 발휘하지만 그 손톱

이 진실을 밝히는 데 큰 몫을 한다. 형사 강철중은 이를 두고 가슴을 울리는 한마디를 한다.

"부모가 그런 거거든… 자기를 죽인 자식을 숨겨주고 싶은 게 부모 마음이거든…."

부모는 자식의 흠을 덮고 감추어 자식이 세상에서 떳떳하고 당당하게 살아가기를 바란다. 지난날의 잘못이 드러나지 않아야 마음잡고 다시 살아갈 힘을 낼 거라 생각한다. 그 믿음이 자식을 바로 세우는 것이 아니라 죄의 죄를 낳게 한다는 것을 모른 채 말이다. 그것이 바르지는 않지만 부모 마음이다.

그렇게 옳지 않은 것들을 수용하고 바르지 않은 것을 방임하는 잘못된 양육태도로 인해 자식은 바르지 않음에 물들어간다.

그렇다면 부모로서 자녀를 어떻게 양육해야 사회에 힘이 되고 선한 영향력을 행사하는 사람으로 성장시킬 수 있을까?

생활하면서 쉽게 툭툭 내뱉는 말 한마디, 행동 하나가 자녀에게 본이 됨을 기억해야 한다. 그 작고 사소한 말과 행동이 자녀를 공공의 적으로 키울 수도 있음을 염두에 두어야 한다.

인간이 태어나 처음으로 맞닥뜨리는 작은 사회가 가정이다. 작은 사회에서의 배움이 큰 사회에서의 생활에 막대한 영향력을 행사한다. 그런데 가정에서의 교육은 말로만 하기보다 부모의 태도로 이루어짐을 알아야 한다. 부모의 사상과 언행, 습관 등은 그대로 아이에

엄마의 말투

게 옮겨간다.

　자녀는 보지 않는 것 같아도 부모의 모든 행동을 세세하게 관찰한다. 부모가 무심결에 내뱉은 한마디 말도 허투루 듣지 않고 마음에 새긴다. 그러곤 언제라 정해지지 않은 때 부모의 그 말을 떠올려 누군가에게 똑같이 말하거나 전한다.

　7세 남자아이와 차를 타고 이동한 적이 있었다. 뜬금없이 그 아이가 말했다.

　"우리 엄마는요, 나한테 '한 대 얻어터진다' 그렇게 말해요."

　"엄마한테 혼이 난 모양이구나."

　"아니요, 그냥 엄마는 내가 아무 잘못한 게 없어도 그렇게 말해요."

　아이의 마음에 엄마의 한마디 말이 깊이 새겨져 있었다. 그런데 그 말이 긍정적이지 않고 마음을 아프게 하는 말이라 안타까웠다.

　하루는 첫째 딸과 아들이 대화하는 내용을 들었다. 무슨 말 끝에 큰아이가 이렇게 대꾸했다.

　"돈 많구나."

　순간 듣기가 많이 불편했지만 미안한 마음도 들었다. 그날 낮에 통화하면서 딸아이에게 내가 했던 말이었기 때문이다.

　아이의 언어를 듣고 행동을 관찰하면 내 아이가 어디에서 저런 말과 행동을 배웠을까 의구심이 들 때가 있다. 가만히 보면 아무 생각

없이 부모가 하는 말과 행동들을 그대로 따라 하는 경우가 허다하다.

상담 받으러 온 부모에게 이런 이야기를 하면 열에 아홉은 인정하려들지 않는다. 아이의 말과 행동은 잘못되었고 자신은 아이만큼 강하게 말하지 않는다고 한다. 그렇게 반응하는 부모에게는 미안하지만 아이는 본 대로 배운 대로가 아니라, 보고 배운 것을 몇 배로 부풀려 행함을 알아야 한다. 그래서 부모가 더욱 조심해야 하는 것이다.

2002년에 개봉한 〈공공의 적〉은 범죄, 액션 장르의 영화이지만 세상을 살아가며 지켜야 할 기본적인 예절과 사람이 사람답게 살아야 하는 도리에 대한 교훈을 남겼다.

영화 속 부모의 모습처럼 자식이 아무리 귀해도 잘못을 덮고 숨기기보다 잘못되었음을 알리고 바로잡아 주어야 한다. 작은 사회인 가정에서 부모는 올바른 사고와 언행, 갖가지 습관들의 본이 되어야 한다. 바른 양육태도를 가진 부모 밑에서 성장한 자녀는 큰 사회로 나가 세상의 빛과 소금이 되며 선한 영향력을 행사하는 삶을 산다.

요즘은 부모의 역할을 알려주는 지침서나 육아서가 너무나 많다. 하지만 자녀의 본이 되는 부모가 태도를 바꾸지 않고 책 내용만 적용하려고 하면 아무것도 좋아지지 않는다.

지금 바로, 생각해보았으면 좋겠다.

엄마인 나는 아이에게 어떠한 모습으로 비추어질까?

엄마의 말투

사랑하는 내 아이가 어떠한 삶을 살아가기를 원하는가?

나는 아이에게 어떠한 모습으로 본이 되어야 하는가?

엄마의 노력이 아이의 바른 성장을 돕고 행복한 가정을 만든다.

그 가정에서 자란 아이를 통해 더 아름다운 사회가 만들어진다.

엄마가 꾸린 가정이 작은 사회이기 때문이다.

엄마 자신과의
공감순환대화법의 위력

누군가 내 목소리를 들어줬으면 싶을 때가 있다.
들고서 '괜찮다'라고 말해줬으면 좋겠다. 내 잘못이 아니라고 토닥여줬으면 좋겠다.
_드라마 〈청춘시대〉 대사

마음에 쏙 닿는 공감을 해줄 누군가가 늘 옆에 있으면 참 좋겠다. 사람은 누구나 자신의 생각, 경험, 신념이 있어서 공감을 해도 자기 방식으로 공감한다. 오죽하면 아무 말 없이 듣고만 있는 상담사가 최고의 상담사라는 말이 있을까. 묵묵히 들어만 주는 사람도 드물다. 뭔가 속상해서 한마디라도 할라치면 세상 안 힘든 사람이 없고 나보다 더 힘든 사람 투성이라 명함도 못 내민다.

어느 예능 프로그램에서 연예인 정선희 씨가 이렇게 말했다.

"너무 힘들 때는 사람을 만나는 그 자체가 상처다. 정말 좋은 친구들이지만 나와 다르게 그들은 미래를 이야기한다. 나는 하루하루 살기도 벅차 친구들의 미래를 축복할 여유가 없고 그들의 꿈에 진심으로 기뻐할 수도 없다. 그렇게 쿨하지 못한 내가 싫다."

그렇게 공감을 받을 수도 할 수도 없는 상태에 놓일 때도 있다.

어느 교수님이 수업시간에 질문했다.

"세상에서 가장 힘든 것은 무엇일까요?"

나는 곰곰이 생각하다 손을 번쩍 들고 말했다.

"돈이요! 돈이 가장 힘들어요."

교수님도 웃고 같이 수업을 듣던 학생들도 웃었다. 세상에서 가장 힘든 것이 돈이라… 그렇기도 하고 아니기도 하다. 웃다가 잠시 침묵했던 교수님은 다시 말했다.

"세상에서 가장 힘든 것은 사람이 아닐까요?"

우리가 살아가면서 가장 힘들이고 공들여야 하는 게 사람이다. 그 중에서도 아이를 낳아 잘 자라도록 챙기고 보듬고 가르치는 일이 가장 힘들지 않을까. 그 일에 가장 큰 비중을 둬야 하는 사람이 '엄마'라는 이름표를 단 이들이다.

'엄마.'

엄마는 세상 누구보다 큰 공감을 필요로 하는 사람이다. 직장은 쉬는 날이 있고 연월차 휴가도 있지만 '엄마'라는 직업은 24시간 365일 돌아간다. 밤에 잠을 자다가도 혹여 아이가 아프기라도 하면 바로 출동해야 하고 연장근무에 잔업은 필수, 돌발상황에 대한 대처도 앞서서 해내야 한다.

아이를 가진 순간부터 그 아이가 커서 같이 늙어가는 처지가 되어도 엄마는 단 한순간도 엄마에서 벗어날 수 없다. 아이와 관련한 육체·정신·심리 노동은 죽을 때까지 계속된다.

그런 엄마들이 사회적으로는 참 억울한 상황에 놓인다. 평생직장, 평생직업 대신 '경단녀(경력단절여성)'라는 사회적 멍에가 덧씌워지니 말이다.

사실 아이를 낳고 키우면서 얻는 능력이 참 많다. 돌발상황 대처능력, 문제 해결능력, 일처리능력이 발전하고 끈기와 과제 집착력이 늘어나며, 아이를 안았다 내렸다 하고 업고 짐까지 들고 다니니 근력에 체력까지 좋아진다.

전문분야에서 잠시 쉬어갈 뿐 더 나은 능력들이 더해져 원더우먼과 소머즈 같은 초능력을 발휘하는 '엄마'인데 '경단녀'가 웬 말인가.

물론 엄마는 삶의 초점이 대부분 아이에게 맞춰져 있어서 간혹 일하는 데 문제가 생기기는 하지만 그 또한 문제 해결능력으로 잘 처리가 가능하니 모두가 조금씩만 배려하면 될 일이다. 그러나 사회는 그러지 않는 경우가 많다.

엄마라서 당연하고 엄마니까 당연하다는 현실적 조언 속에서 가슴앓이만 하고 어디의 누구에게서도 속 시원한 공감을 얻기가 쉽지 않다. 내 마음 같은 사람도 내 마음을 알아줄 이도 없다. 같은 상황 같은 처지라도 비슷하기만 할 뿐 그는 그 나는 나이니 어찌 속 시원한

엄마의 말투

공감이 가능할까. 아무리 가까운 사이라 해도 내 마음을 다 알 리 만무하다. 남편이기 이전에 자녀이기 이전에 사람이기 때문에 그렇다. 게다가 아이들은 성장 과정에서 그때그때 크고 작은 사건사고를 일으키니 엄마는 한시도 편할 수 없다.

두 아이의 엄마인 나 역시 마찬가지다. 늘 감사로 긍정으로 삶을 예쁘게 꾸며보려 애를 써봐도 어쩔 수 없는 경우가 꼭 생겼다. 그래서 나는 나를 공감하기로 하고 스스로 공감하기를 시작했다. 벌써 큰아이의 나이만큼인 19년이나 '스스로 공감하기'를 실천 중이다.

공감이 순환되어야 한다는 공감순환법(공순법)을 정리한 후로는 공순법에 따라 '나 공감하기'를 한다. 한결 더 수월하고 평안하다. 어떤 날은 하루에도 수십 번씩 속에서 무언가가 오르락내리락하기에 나 스스로와 공감하고 소통하는 공순법이 없었다면 벌써 아무도 모르는 곳으로 도망가 숨어 지냈을지도 모를 일이다. 공순법을 나에게 적용할 수 있어 얼마나 감사한지 모른다.

자신과의 공감순환대화법은 이렇게 한다.

1) 먼저 깊은 심호흡을 한다

공감의 공(共)자, 그 공자를 빌 공(空)자로 두고 마음이 힘겨운 순간, 공감이 필요한 순간 모든 것을 비우고 내려놓는다.

2) 어떤 호칭도 덧붙이지 않고 오롯이 '나'임을 기억한다

이 순간 나는 엄마가 아니며 아내도 아니다. 나는 딸도 아니고 친구도 아니다. 나는 '심미경(자신의 이름)'이다.

3) 내 감정에 집중한다

내 감정과 하나인 내가 나와 연결되는 '공감'을 시작한다.

나는 지금 어떠한가?

내 마음은 어떠한가?

내가 지금 가장 바라는 것은 무엇인가?

내가 지금 가장 하고 싶은 것은 무엇인가?

내가 지금 가장 하고 싶은 말은 무엇인가?

억울하거나 속상한 것은 없는가?

무언가 드러내고 싶은 것은 없는가?

아주 사소한 것이지만 감사할 것은 없는가?

4) 내 감정에 집중하고 '인정'을 실천한다

내면이 하는 이야기에 귀 기울이고 집중하며 어떠한 감정선에 놓여 있어도, 또 어떤 옳지 않은 생각이 들어도 '옳고 그르다' '맞고 틀리다'라는 판단이나 평가는 하지 않고 온전히 받아들인다. 내 내면 이야기를

⠪ 엄마의 말투

경청하며 나 인정하기다.

"아… 그렇구나. 내가 지금 그렇구나."
"아… 그렇구나. 내가 지금 그렇게 하고 싶은 거구나."
"그럴 수 있어. 괜찮아. 마음이 그럴 땐 분명한 이유가 있을 거야."

그렇게 내 감정을 인정하면서 자연스럽게 자신이 인지가 된다.

생각하는 그대로의 감정과 느낌들을 글로든 말로든 생각으로든 표현하다 보면 자연스럽게 자신과의 대화가 이어진다. 얼마나 좋은가. 누군가 듣고 생각을 덧대어 말하지도 않고 나를 평가하고 비난하지도 않는다. 내 안의 욕구가 그대로 드러나지만 공개되지 않으니 솔직한 대화가 가능하다.

그 순간에는 도덕도 규칙도 규범도 상식도 어떠한 잣대도 없이 충분히 자기중심적이어도 괜찮다.

지금 이 글을 쓰는 순간 잠시 혼자만의 대화를 시도해본다.

"아, 정말… 여자라는 이유로 엄마라는 이름표를 달고 일을 하나 쉬나 엄마의 역할을 감당해야 하네. 너무 속상하고 기분이 안 좋아. 방학인 아들의 끼니가 걱정되는데 어쩔 수 없이 일을 하러 나와 있어. 남편은 집에서 늦은 시간까지 잠자고 일어나 아들은 다 컸으니 스스로 모든 것을 알아서 할 나이라며 그냥 나가버렸네. 아들이 알아서 밥을 좀 찾아 먹으면 좋겠구만 귀찮다며 군것질로 끼니를 때웠네. 안 그래도 말라 뼈만 앙상해 보이는 아들이 안쓰럽고 너무 답답하다. 왜 나만 아들을 챙기고 마음 써야 하지? 죄책감까지 느끼면서 말이야.”

“속상하지, 맞지. 남편이 아들의 나이가 어떻든 품고 챙겨주었으면 좋겠지? 자립심은 다른 걸로 키워줄 수 있는데 굳이 끼니 문제도 스스로 알아서 하라니 속상한 거지, 그지? 그래, 맞아. 속상하겠다⋯.”

“그래, 스스로 잘 챙기는 아들이었으면 좋겠는데 그러지 못한 것이 속상하기도 하고, 걱정하지 않아도 되게 남편이 좀 챙겨주면 좋겠는데 그러지 않아서 또 속상하고 섭섭하고 그런 거야.”

“그래, 충분히 섭섭하고 속상할 것 같다. 충분히 답답하고 안타까울 것도 같고. 당연한 감정이야. 그런데 미경아, 죄책감까지는 느끼지 않아도 괜찮아. 너는 정말 열심히 최선을 다해 살잖아. 아들은 분명 엄마의 열심을 보고 배울 거야. 그리고 진짜 배가 고프면 찾아서도 먹고 만들어서도 먹고 그럴 거야.”

“그러겠지? 정말 배가 고프면 알아서 잘 챙겨 먹겠지. 그럴 거야. 그래, 나 정말 열심히 살아. 최선을 다해 사는 이 모습에서 분명 우리 아이들이 보고 느끼고 배울 거야. 뭔가 한결 마음이 편안해진다.”

“다행이다, 편안해진다니. 너무 조급해할 것도, 염려할 것도 없어. 부족하다 생각이 들면 ‘무엇을 채울까?’를 고민하고, 잘못된 것이 있으면 ‘어떻게 바로잡을까?’ 질문하며 문제를 해결하면 되잖아?”

"맞다. 이미 지난 일로 속상해하고 일어나지도 않은 일을 염려하고 걱정하지 말고 지금 이 순간 감사하면서 살아야겠어."

　자신과의 대화 때 방어기제를 사용해도 괜찮다. 합리화이든 용인이든 결과적으로 건강하게 사용되는 방어기제라면 괜찮다. 공순법을 활용해 스스로를 위로하고 격려하고 공감하면서 응원하면 자연스레 아이와 공감 대화를 할 훈련도 된다. 자신과의 공순법으로 마음이 평안하고 한결 가벼워지면서 마음씨를 가다듬으니 말투 또한 좋아질 수밖에 없다.

　엄마가 스스로와 편안한 공감이 이루어지지 않으면 아이와의 공감대화는 더 어렵다. 자신을 사랑할 줄 모르면서 타인을 어찌 사랑할까? 자신에게 공감하지 못하는데 어찌 아이에게 공감할까? 자신에게 사용하는 말이 곱지 않은데 어찌 아이에게 사용하는 말이 고울까?

　자신과의 소통부터 바꿔야 한다. 가장 좋은 방법이 자신과의 공순법 활용이다. 아주 큰 위력을 지녔으니 실천해보길 강력히 권한다.

　처음에는 부끄럽고 낯설기도 할 것이다. 온몸이 오그라들고 간지럼을 느낄지도 모른다. 그러나 한 번 시도하고 두 번 실천하면 분명 자연스러워지고 그 자연스러운 자기공감이 아이에게도 흘러간다. 그래서 공순법의 위력이 더 확장된다.

적절한 마음의 거리두기도 공감이다

여러모로 건강하게 아이를 키우는 방법은 무엇일까?

부모로서 엄마로서 자녀를 잘 키우는 중요한 방법 중 하나가 적절한 시기에 아이 떠나보내기다. 이는 전문용어로 분화(differentiation)라고 하는데 감정, 사고, 정체감을 분리 또는 구별하는 능력이다.

미국의 정신과 의사 머레이 보웬(Murray Bowen)은 가족관계에 휘말리지 않고 독자적으로 기능하는 능력으로서 분화가 잘되어야 아이가 건강하게 자란다고 주장했다. 그렇다면 시기적절하게 자녀를 잘 떠나보낸다는 것은 무엇이며, 그 시기와 방법이 궁금하다.

나는 19년 동안 아이 둘을 키우고 20년 동안 아이들을 가르쳤다. 그 과정에서 심리 공부에 열정을 쏟아 많은 질문과 성찰의 시간을 가지고 다양한 경험을 했다. 여기에 더해 더 큰 호기심을 갖고 책 읽기

엄마의 말투

에 집중하기도 했다.

그렇게 배움과 경험을 쌓아 반복해서 실무에 적용하고 수정해왔다. 결과적으로 자녀를 적절하게 떠나보내는 시기를 알아냈을까?

처음 엄마가 되면 수유를 하면서 언제 얼마나 먹여야 하는지 전혀 알 방법이 없어 답답하고 당황스럽다. 그래서 전문가들이 정리해놓은 적절한 수유시간과 양, 횟수, 평균에 따라 수유를 한다. 그런데 어떤 아이는 배가 고픈 듯 칭얼거리고 어떤 아이는 왈칵 토하거나 먹을 때마다 남겨 엄마의 애간장을 녹인다.

아기를 키우고 나서야 엄마들은 수유 양과 시간은 아기마다 조금씩 다름을 알게 된다. 규정된 양과 시간을 참고는 하되 내 아이의 패턴을 기록하고 알맞은 방식을 찾는 것이 현명한 방법이라는 요령도 오직 경험을 통해서만 알게 된다.

엄마와 아이의 분화 시기도 마찬가지다. 일반 지침은 있지만 아이마다 뭐든지 조금씩 다르다. 미국의 심리학자 매슬로(Abraham Harold Maslow)의 욕구이론이나 스위스 심리학자 피아제(Jean Piaget)의 발달이론 등을 적용해볼 수는 있다. 하지만 가장 중요한 것은 부모와 아이가 분화를 할 마음의 준비가 되고 신뢰가 형성되어야 하며 그래도 분화의 시기는 아이의 기질과 성향에 따라 조금씩 달라지기도 한다는 점이다.

이를 충분히 이해하면서도 또 대충이라도 적절한 시기를 알고 싶은 것이 엄마의 심리다. 그래서 언제일까? 언제부터 아이가 엄마를 떠날 준비를 하고 엄마는 아이를 떠나보낼 준비를 해야 할까? 그 시기를 자료와 사례를 찾으며 연구해보았다.

사실 뱃속에서 아이를 세상에 내보내면서부터 떠나보낼 마음의 준비는 해야 하지만 아무것도 할 수 없는 신생아 시기에는 주는 대로 먹고 잠만 자니 떠나보낸다는 것은 상상도 못할 일이다. 아이가 목을 가누고 몸을 뒤집기 시작하면서 엄마는 아이의 안전에 민감하게 반응하고 배밀이를 하고 무언가 잡고 일어설 즈음에는 아이에게서 한시도 눈을 뗄 수가 없다. 아이는 욕구에 충실하게 호기심을 가지고 움직이고 엄마는 쉴 틈 없이 "안 돼!"라는 말을 하게 된다. 아이는 말은 못해도 엄마의 "안 돼!"에 처절한 몸부림으로 반응을 하고 누구나 앓고 지나간다는 '내가내가병'에 걸린다.

빠르면 돌 전후에 시작된다는 내가내가병. 이 병에는 약이 없다. 엄마는 아이가 내가내가병에 걸리는 시기가 되면 너무 힘들어한다.

"내 아이인데 어떻게 그렇게 싫을까요?"
"너무 힘들어요. 뭐든 마음대로 하려고 해요."
"고집불통이에요."
"떼쟁이. 못 말려요."

∴ 엄마의 말투

아이는 자유롭고자 하고 엄마는 안전이 염려되어 많은 것을 통제하려는 시기, 그 시기가 엄마가 아이를 떠나보내는 마음의 준비를 단단히 해야 하는 때가 아닐까 추정해본다.

아이는 말문이 트이면서 '내가내가병'과 함께 '싫어병'에 걸린다. 엄마가 아이를 위해 무언가 말하거나 행동할라치면 아이는 즉각적으로 외친다.

"싫어!"

물론 그렇지 않은 아이도 있겠지만 대다수 엄마는 이에 공감할 것이다. 이때부터 엄마는 아이의 욕구를 인정하고 아이가 직접 경험하도록 기다리는 마음가짐을 가져야 한다. 그런 준비가 된 엄마들은 '안 돼!'보다 아이의 마음에 공감하는 말을 먼저 하게 된다.

"하고 싶어?"
"만지고 싶어?"
"가보고 싶어?"

'너는 그렇구나!'를 실천하며 아이가 스스로 서도록 떠나보내기를 하면 아이 마음이 건강하게 잘 자라도록 돕는 엄마가 된다.

몇 년 전 40대 여성이 더 나은 삶을 영위하기 위해 미술심리 상담사 자격 강의를 신청했다. 그녀는 행복해지려고 공부하러 왔다고 했는데 엄마가 강의실에 태워 왔고, 출퇴근과 심지어 회식 때도 엄마가 데려다 주고 데리고 가는 생활을 했다. 운전을 배울 생각도 못하고 남자친구를 사귄 경험도 없다고 했다. 어찌 보면 편안하고 안정된 삶인 듯하지만 그녀는 '행복하다'는 감정을 느끼지 못했고 행복을 찾는 과정에서 나를 만난 것이다.

강의 중에 보웬의 분화를 설명하는데 그녀는 자신의 삶에서 무엇이 잘못되었는지를 깨달았다. 결국 엄마와 분화를 하기 위해 지혜를 발휘했다. 여행 경비를 드리며 친구들과의 여행을 권해 건강하게 떠나보내기를 시작했다. 더 이상 엄마의 도움을 받지 않고 스스로 자기 문제를 하나씩 해결해나갔다. 좋아하는 취미 동호회에 가입해 남자친구도 만났다.

분화를 잘하기 위해 실천한 몇 가지 변화가 삶에 활력을 불어넣고 엄마도 자신도 행복이라는 단어를 마주하게 되었다며 감사인사를 건네던 그녀가 문득 생각이 난다. 엄마와 딸 사이에 적절한 거리를 두고 좋은 관계를 유지할 때 서로 더 큰 행복감을 느낀다.

성인이 되어 가정을 꾸렸음에도 분화가 되지 않은 부자간의 문제로 가정불화를 일으킨 사례도 있다.

한 남자가 아이를 낳고 가장이 되었다. 어느 날 엉금엉금 기어 다니던 아이가 방 안으로 들어가 문을 닫았는데 그만 문이 잠겨버렸다. 아이는 방 안에서 울고 밖에서는 엄마 아빠가 어찌할 바를 몰라 당황해했다. 보통의 아빠들은 문을 부셔서라도 빠르게 문제를 해결하려 할 것이다. 그런데 남자는 문을 열어볼 노력은 하지 않고 바로 아버지에게 전화를 했다.

"아버지, 아이가 방 안에 들어갔는데 문이 잠겼어요."

아버지는 열쇠꾸러미가 있으니 가져다 열어보라는 말을 했고 남자는 방 안에서 우는 아이와 당황한 아내를 두고 나가버렸다. 결국 아내는 망치로 문손잡이를 내리쳐 방문을 열고 아이를 진정시켰다.

아들은 조금만 노력하면 해결 가능한 일을 스스로 해결하지 못하고 아버지를 찾았고 아버지는 아들의 모든 문제를 나서서 해결해주려 했다. 아버지는 아들을 떠나보내지 못했고 아들 역시 아버지를 떠나지 않아 가장으로서의 역할을 스스로 감당하지 못했다. 아내는 시아버지도 싫지만 무능력하고 답답한 남편을 의지할 수 없었다.

이 사례 외에도 많은 사람이 엄마 아빠가 되어서도 자신의 엄마 아빠에게서 떠나지 못하고 건강하지 못한 가족관계를 이어가는 경우가 비일비재하다.

아이는 몰라서 엄마를 떠날 수 없고 엄마도 모르지만 걱정되고 잘되었으면 하는 욕심에 아이를 떠나보내지 못한다. 아이를 떠나보내라는 말이 아이를 방치하라는 뜻은 아니다. 부모로서 의무를 다하되 아이가 스스로 할 수 있는 것들부터 믿고 경험하도록 지켜보고 기다리라는 의미의 떠나보냄이다.

호기심을 가진 질문에 정답을 알려주기보다 다시 생각해볼 질문을 하고 안전에 큰 문제가 없는 상황에서는 아이가 경험해볼 허용범위를 조금만 넓혀주라는 것이다.

세 살짜리 아이도 스스로 신발을 신을 수 있다. 손만 잡아주면 계단을 오르내린다. 그럼에도 신발을 신겨주고 안고 계단을 오르내리며 스스로 하겠다는 많은 것들을 방해하는 실수를 범하지 말자. 일곱 살짜리 아이가 혼자 신발을 신지 않고 초등학생이 스스로 사탕 하나 까먹지 못하는 모습을 자주 보면서 아이 떠나보내기의 중요성을 절실히 느끼는 요즘이다. 아이에게 적절히 거리를 두며 떠나보내기를 하면 아이도 엄마도 행복해진다.

마흔 살이 넘어서도 바꾼 사례가 있으니 이 글을 읽은 순간부터 실천해보길 권한다.

"너는 그렇구나."

"스스로 한 번 해보고 싶구나."

아이의 마음에 공감하는 말을 하면서 말이다.

엄마의 말투

애정결핍에도
공감이 명약이다

애정결핍이든 분리불안이든
아이의 마음에 깊이 있는 공감은 최고의 명약이다.

예인이는 무엇이든 마음대로 되지 않으면 소리를 지르며 물건을 집어던졌다. 그렇게 화내며 던진 물건에 맞아 아빠는 이마를 두 바늘 꿰맨 적도 있었다.

"아니! 엄마가 해! 엄마가 하라고! 다 엄마가 해!"

"아니야, 예인이가 해야지."

"아니야! 엄마가 해야지! 아니야! 안아! 안아!"

엄마가 예인이를 안으면 울며불며 버둥대 엄마를 찼고, 내려놓으면 안으라고 다시 소리치는 막무가내 상황이 여러 번 반복되었다. 그로 인해 엄마는 우울증까지 생겼다고 했다. 엄마는 예인이가 뭘 하든 옆에 있으라 하는데 잠시라도 자리를 뜨면 엄마는 나를 사랑하지 않는다며 우는 통에 애정결핍이 아닐까 의심이 된다고 했다.

나는 예인이와 대화를 시도했지만 예인이가 엄마 곁에서 떨어지지 않아 종이에 질문을 적고 엄마를 통해 답을 받았다.

"예인아, 속상했어? 그래서 소리치면서 울었던 거야?"

"엄마가 안 해주잖아."

"엄마가 예인이 해달라는 대로 안 해줘서 속상했구나."

"엄마가 안 해주니까 속상하지."

"그랬구나. 엄마가 안 해줘서 예인이 속상했구나."

사실 뭘 안 해줘서 그런지 엄마도, 옆에서 보는 나도 몰랐다. 예인이가 갑자기 엄마가 하라는 말을 하며 소리를 쳐서 뭘 하라는 건지 물어볼 겨를도 없었다. 그런데 예인이를 안고 다독이니 그것만으로도 마음이 풀려 엄마 품에서 떨어져 내려갔다.

예인이 엄마는 예인이가 집에서는 두 시간도 짜증을 내며 울고 결국에는 매를 들어야 멈춘다고 했다. 집에서의 대화 방법과 조금 전 대화 방법이 어떻게 다른지 질문했다. 집에서는 예인이가 울면 아무것도 할 수 없고 엄마도 같이 짜증이 나 소리치게 된다고 했다.

"엄마가 안 해주잖아, 이렇게 예인이가 말하면 엄마는 뭐라고 하셨어요? 집에서 예인이와 대화하는 것처럼 저와 대화해봐요."

"엄마가 다 해주지 뭘 안 해주는데."

"엄마가 해."

"예인이가 해."

"아니야, 엄마가 해."

"예인이 거는 예인이가 해야지."

"엄마가 해. 안아! 안아!"

"싫어, 예인이 떼쓰는데 어떻게 안아. 또 발로 엄마 찰 거잖아."

"그럼 끝까지 안아주지 않는 거예요?"

"결국 안아주죠. 짜증 내면서 안아줘요."

"안 안아준다고 하고는 왜 안아주시는 거예요?"

"애정결핍 같아서요. 정말로 병이 될까 봐서요. 요즘 손톱도 자꾸 물어뜯거든요."

예인이 엄마는 예인이가 최근에는 발을 잡아 당겨 발톱까지 물어뜯는 걸 봤다며 너무 속상하고 화가 난다고 했다. 눈물을 흘리며 자신이 부족해서 예인이가 그렇게 된 것 같은데 뭐가 잘못되었고 어떻게 해야 하는지 모르겠다며 답답함을 호소했다.

"정말 답답하시겠어요. 방법을 모르니 어떻게 해줄 수도 없고. 그런데 조금 전에 예인이가 스스로 엄마에게서 떨어져 내려갔잖아요. 집에서와 다른 모습이라고 하셨는데 왜 다르게 행동했을까요?"

"다독여줘서요?"

"집에서 예인이를 대하던 방법과 여기서 예인이를 대한 방법이 어떤 차이가 있을까요?"

"집에서는 예인이가 하는 대로 말과 행동을 따라 했는데 여기에서는 예인이 말은 따라 했지만 마음을 좀 다독여준 것 같아요. 그런데 집에서는 그게 잘 안 돼요."

"네, 맞아요. 쉽지 않아요. 잘 안 되는 게 맞아요. 그래도 예인이가 아직 어려서 엄마가 조금만 노력하면 금방 괜찮아지고 그럼 엄마가 편안해지실 거예요."

"예인이가 안아달라고 할 때 안아주고, 마음을 다독여주면 될까요?"

"당분간은 푹 많이 안아주세요."

"그런데 처음부터 안 안아준 건 아니에요. 너무 안아달라고 해서 힘드니까 그렇게 한 거예요."

"그럼 안아줄 때 오늘처럼 안아주셨어요?"

"아니요. 저도 힘드니까 안아주고 조금 있다 내려보냈죠. 안 떨어지려고 하는데 강제로 내려놨어요."

"예인이가 안정이 될 때까지 안아주고 예인이한테 물어보세요. 뭐가 속상했는지. 습관이 잘못되어서 떼쓰고 어리광부리는 경우에는 습관을 바로잡아 주어야 하지만 예인이는 정말 불안해서 그런 행동을 하는 겁니다. 그러니 당분간은 예인이가 충족이 될 때까지 꼭 안아주세요."

한 주가 지나고 다시 예인이네 가족을 만났는데 그 한 주 사이에 엄마도 예인이도 조금 편안해진 것 같았다.

"한 주 동안 어떠셨어요?"

"선생님께서 예인이가 원할 때 많이 안아주라고 하셔서 그렇게 하고 지난주에 했던 것처럼 예인이가 속상했구나, 그렇게 말하니 조금 덜 울고 짜증도 덜해요. 손톱도 잘 안 물어뜯어요. 그래서 몸은 힘든데 마음은 좀 편해졌어요."

"아이고, 훌륭하신데요. 단번에 실천하기가 쉬운 일이 아닌데 잘하셨네요. 한 주 노력하셨는데 이 정도면 조금만 지나면 훨씬 나아지겠어요. 엄마의 노력은 절대 헛된 것이 없어요."

"선생님 칭찬 들으니까 좋긴 한데 계속 이렇게 안아주고 말을 들어줘야 할까요?"

"당분간은 그렇게 하셔야 해요. 충분히 공감받는 경험을 해야 예인이도 엄마에게 공감하죠. 아이는 엄마의 거울이라고 하잖아요. 엄마가 하는 대로 따라 해요. 충분히 채워지면 서서히 짜증 내는 시간이 짧아져 안아주는 시간도 줄 거예요."

아이는 엄마의 모습을 그대로 따라 한다. 엄마가 낳아서 유전적으로 같은 것이 아니라 생활에서 엄마의 모습을 보고 배운다. 오죽하면 '그 어미에 그 자식'이라는 말이 있을까.

예인이 엄마는 예인이가 애정결핍이 아닌가 염려했는데 예인이는 2세 이전에는 안정적인 환경에서 엄마의 사랑을 듬뿍 받으며 자랐으나 가기 싫어하는 어린이집에 가면서 강압적인 분리를 경험했다. 그로 인해 생긴 일시적인 분리불안이 원인일 가능성이 크다.

4주에 걸쳐 상담을 진행하는 사이 예인이는 안정을 찾았고 엄마는 엄마의 역할이 얼마나 중요하고 큰지 알게 되었고 앞으로도 예인이를 위해 노력할 것이 있으면 더 열심히 하겠다는 말을 남겼다.

애정결핍이든 분리불안이든 아이의 마음에 깊이 있는 공감은 최고의 명약이다.

2장

온전히 듣는 경청의 말투

말하기의 반대는 듣는 것이 아니다.
말하기의 반대는 기다리는 것이다.
_레보비츠(Leibovitz), 미국의 저술가 · 비평가

공감하려면 경청해야 한다

가정은 사람을 만드는 공장이다.
세상에 하나뿐인 작품을 만들어내는 장인의 숨결과 손길이 닿는 귀한 공장이다.

가족치료의 창시자 버지니아 사티어(Virginia Satir)는 '가정은 사람을 만드는 공장'이라고 정의했다. 나는 한 가정을 꾸려 자녀를 낳고 살아가는 모든 부모는 이 문장을 가슴에 새기고 곱씹어야 한다고 생각한다.

자녀를 낳아 다듬어 가공하는, 사람을 만드는 공장.

가정은 똑같은 물건을 찍어내는 컨베이어벨트가 돌아가는 공장이 아닌 세상에 하나뿐인 작품을 만들어내는, 장인의 숨결과 손길이 닿는 귀한 공장이다. 이 공장의 두 공장장은 서로가 서로를 고치고 다듬고 손질하며 성장하고 합심해 새로운 사람을 선물로 받는다. 그리고 실수에 실수를 거듭하며 수정하고 고치고 다듬고 손질하는 여정을 거쳐 세상에 스스로 서서 나아가는 사람을 만든다.

공장장이 사람을 만드는 여정에 눈물과 땀을 섞어야만 온전히 서는 사람이 나온다. 그 눈물과 땀에는 많은 것이 담겨 있다. 고통과 감격의 눈물, 보듬고 챙기고 먹이고 입히고 세우며 흘리는 땀.

그 안에 얼마나 많은 노고가 깃들어 있을까는 말로 다 설명이 되지 않는다.

우리는 그렇게 어려운 여정을 겁 없이 공부도 하지 않고 연습도 없이 선택한다. 준비 없는 선택은 더 많은 고통을 불러오기도 한다. 나는 한때 '엄마'라는 이름표를 달고 사는 것은 아무 죄 없이 고통의 벌을 받는 선택을 한 것이라 여겼다. 그런데 가만히 돌아보니 죄가 없는 것은 아니었다.

물어보지도 않고 아이를 이 세상에 초대한 것과 사랑을 빙자한 억압과 학대를 일삼은 것이 죄이지 않을까. 억압과 학대라 하면 너무 거창해 보이지만 우리 엄마들은 소소로운 억압과 학대를 일삼는다.

예를 들어 아이는 노란색 신발을 신고 싶은데 옷 색깔과 맞지 않는다며 울려서라도 옷에 맞는 신발을 신도록 하는 것, 슬퍼서 우는 아이를 "뚝!"이라는 한 마디 말로 조용히 시키려 하는 행위들 말이다.

엄마의 생각으로 아이의 욕구를 억압하고 엄마의 감정으로 아이의 마음을 학대하는 행위가 대수롭지 않게 가정에서 일어난다. 엄밀히 따지면 법의 심판을 받아 마땅한 아동학대인 경우도 허다하다.

이렇게 훈련되지 않은 엄마가 공장장노릇을 하기란 쉬운 일이 아니다. 하지만 엄마라는 이름표를 달고 살면서 엄마는 한 번도 해보지 않은 많은 경험을 한다. 그 경험들을 통해 똑같은 일을 마주했을 때 당황하지 않고 해결하게 된다.

'아! 아이로 인해 성장하는구나. 그래서 아이를 낳고 기른 사람에 게 진짜 어른이라고 하는 거구나.'

그 과정에서 이런 깨달음이 생긴다.

그렇다, 엄마는 죄 없이 벌을 받는 사람이 아니라 '끝없이 성장하 는 축복받은 사람'이다.

엄마라는 이름이 너무나 무겁고 어렵게 느껴지겠지만 생각을 조 금 바꾸어보면 이 이름이 너무나도 사랑스럽다. 축복을 누릴 기회를 준 아이에게 감사할 방법을 고민해본다. 가득 찬 욕구를 해소하는 상 대가 아이가 되지 않아야 하며 온전히 아이의 색으로 빛을 발산하며 아름답게 빛나도록 돕는 엄마가 되어야 한다.

그런데 그것은 쉬운 일이 아니다. 정말 소소한 감정에서부터 자유 로워져야 하며 있는 그대로 인정하고 수용하는 자세가 필요하다. 그 처음이 경청이다.

경청해야 공감할 수 있다. 추운 겨울에 발가락이 다 드러나는 샌 들을 신고 나가겠다는 아이의 말을 유심히 듣고 공감하면 엄마는 따 뜻한 부츠를 손에 들고 샌들 신은 아이와 함께 눈길을 걷게 된다. 맛 도 없고 입에서 거치적거리는 당근이 먹기 싫다는 아이의 감정에 귀를 기울이면 당근을 갈아서 요리하는 수고를 기꺼이 감당한다. 마음대로 할 수 없어 떼쓰고 소리 지르며 우는 아이의 아우성을 마음으로 새기면 울음소리를 듣기가 쉽지는 않지만, 감정을 추스르도록 잠시 기다리게 된다.

그렇게 키운 아이는 서서히 무엇이 옳고 그른지 분별하고 스스로 감정을 조절하며 타인을 배려하는 멋진 성인으로 성장한다.

간혹 엄마들이 아이의 폭력성에 놀라 아이를 데리고 상담센터로 뛰어오는 일이 있다. 아이들은 사회적 기술이 부족해 또래 집단에서 문제를 일으키는데 대부분 협동성, 자기조절능력, 공감력이 떨어지기 때문이다. 이런 결과를 엄마에게 전하면 이렇게 말한다.

"우리 아이가 공감능력이 없는 건 아닌데요. 텔레비전 보다가 울기도 하고 다퉜던 상황을 이야기할 때 보니 공감에 대해 잘 알아요."

머리로 공감을 아는 것과 마음으로 행하는 것에는 차이가 있다. 학교폭력 가해 입장의 아이와 대화를 해보면 화가 나는 상황에서 어떻게 하는 것이 옳은지 너무나 잘 알고 있다. 그렇다면 화가 나는 순간에 옳다고 생각하는 행동을 하면 되지만 아는 것을 실천하지 않는 아이들이 조금씩 더 늘어나고 있다.

"화가 나는 순간에 너는 어떻게 하니?"

"아무 생각이 안 나요. 일단 두들겨 패야죠. 똑같이 해줘야죠. 배로 갚아줘야죠. 걔가 화나게 만들었으니까요."

엄마의 말투

"반대로 네가 친구를 화나게 했는데 친구가 똑같이 한다면 어때?"

"기분이 나쁘죠. 그런데 그런 상황을 안 만들면 돼요."

친구를 때리면서도 친구가 아프거나 마음 상할 것보다 친구가 자신을 화나게 한 것이 더 중요하다고 이야기한다.

그렇게 머리로 아는 것을 공감을 잘한다라고 할 수 없다. 물론 다른 경우도 있겠지만 대부분의 아이는 순간적으로 감정조절을 못해 폭력을 행사한다. 그 이유가 공감능력이 부족해서인 경우가 많다.

한국기초과학 연구원(IBS) 인지 및 사회성 연구단에서 2018년 생쥐 실험을 통해 공감능력을 조절하는 유전자와 관련한 신경회로를 밝히는 연구에 성공했다. 공감능력 조절 메커니즘을 유전자 수준에서 처음 알아낸 결과로 공감능력이 결핍될 경우 사회성에 문제를 일으킬 수 있다고 발표했다(생명과학/BRIC 바이오통신원).

또 서울대병원 소아정신건강의학과 김붕년 교수 연구팀은 2014년 '공감 증진 기반 분노 및 충동조절 장애 청소년 인지행동 치료 프로그램'을 개발했다. 이를 학교폭력 가해 청소년들을 대상으로 시행한 결과 폭력성은 줄어들고 전두엽과 두정엽의 기능이 개선되었다.

뇌의 기능 중 전두엽은 충동성과 공격성을 조절하고 공감능력을 담당하는 부위이며 두정엽은 상대방의 표정 등 감정을 해석하는 역할을 한다. 전두엽의 기능이 떨어지면 공감능력이 저하되고 두정엽의 기능이 떨어지면 상대의 표정을 부정적으로 해석하게 된다.

그런데 공감에는 인지적 공감능력과 정서적 공감능력이 있다. 인지적 공감능력은 상대의 생각이나 행동을 예측하거나 이해하는 것이고 정서적 공감능력은 상대의 감정을 이해하고 그 감정을 오롯이 함께 느끼는 것을 말한다.

인지행동 치료 같은 프로그램의 반복 훈련으로 인지적 공감능력은 향상되지만, 정서적 공감능력은 쉽게 향상되지 않는다. 그래서 정서적 공감능력은 엄마의 큰 숙제다. 어린 시절에 정서적 애착관계가 가장 많이 형성되기에 양육환경과 엄마의 노력이 아이의 공감능력에 아주 큰 영향을 미친다.

공감은 타인의 기쁨, 슬픔, 공포 등 정서적인 상태를 공유하고 이해하는 능력이다. 따라서 공감을 하려면 상대의 말을 잘 듣고 의미를 새길 줄 알아야 한다. 이 공감능력은 평생 관계를 맺으며 살아가는 데 아주 중요하다. 아이의 공감능력을 키워주기 위한 엄마의 노력은 아이에게만 영향을 주는 것이 아니라 엄마의 삶에도 큰 영향을 미치며 타인과 좋은 관계를 유지하게 한다. 그로 인해 자녀에게 본이 되며 돌고 도는 선순환을 일으켜 조금 더 행복한 삶을 영위하게 한다. 경청이 바탕이 된 공감은 그렇게 사람이 행복하게 살아가도록 한다.

삼비 쓰리견 세시 내려놓기

엄마가 공순법에서 경청과 다음 장에 나오는 인정 부분을 잘 훈련하면 아이의 공감능력이 자연스럽게 향상됩니다. 공감받아본 아이가 공감을 합니다.

지금 이 순간부터 경청과 인정을 훈련하고 실천해보면 좋겠습니다.

이를 책에 여러 번 담았는데요, 몇 번을 강조해도 과하지 않다고 생각합니다. 비난·비교·비판의 삼비, 참견·선입견·편견의 쓰리견, 무시·멸시·등한시의 세시를 총 합해서 '삼비 쓰리견 세시'라고 합니다. 이 삼비 쓰리견 세시를 내려놓고 우리 함께 경청을 시작해보면 어떨까요?

"삼비 쓰리견 세시? 어떻게 내가 낳은 내 아이를 그리 대하겠습니까?" 라고 말할 수 있습니다. 하지만 엄마는 자신도 모르는 사이에 '삼비 쓰리견 세시'를 아주 잘 행하지요. 일상에서 아무렇지도 않게 툭툭 하는 말 속에 나쁜 뜻은 없지만 결국 나쁜 말을 하게 됩니다. 혹시 아이에게 이렇게 이야기한 적 있을까요?

"넌 몰라도 돼."

"거봐. 엄마 말 안 들으니까 그 모양이지."

"너 지난번에도 그랬잖아."

"됐어. 잠이나 자."

"네가 알아서 뭐하게?"

"안 봐도 훤하다. 네가 그랬지?"

"아니, 그렇게 말고 이렇게 해야지."

"아니야, 넌 못해. 저리 비켜." 등등

의도하지 않았지만 '삼비 쓰리견 세시'를 하게 되는 이유가 있습니다. 우리 생각에 공감보다 경험에 의한 판단이 더 크게 자리하기 때문입니다. 엄마의 '삼비 쓰리견 세시'를 담은 말은 서서히 아이의 정서를 죽입니다. 상처로 감정이 메말라 죽습니다. 그래서 엄마는 '삼비 쓰리견 세시'를 뺀 마음씨 고운 말투(말+마음씨)를 훈련해야 합니다. 그것으로 아이와의 공감이 시작됩니다.

엄마의 고운 마음씨가 담긴 말로 바꾸기 위해 이렇게 말하기를 훈련해보면 좋겠습니다.

"그래, 너도 잘할 수 있어."

"엄마가 기다리기 조금 힘들지만 기다릴게."

"천천히 한 번 해봐."

"그렇구나. 너는 그랬구나."

"그럴 수도 있어. 잘했어."

"무엇이 궁금하니?"

"너만의 생각이라 더 멋지다."

"괜찮아. 넌 최선을 다했잖아."

"그래, 이럴 수도 있고 저럴 수도 있지."

"너는 어떠니?"

"네 기분은 어떠니?"

"잘 모를 수 있어. 괜찮아, 엄마가 도와줄게."

"이제부터 잘하면 돼. 너는 할 수 있어."

경청은 듣는 것이 아니라
내어주는 것이다

내 욕심을 채우려 애쓰지 말고, 하나라도 더 알려주고 수정하고
바꾸려 노력하지도 말고 그저 온전히 시간과 마음을 내어주는 것이 진정한 경청이다.

공감에 가장 필요한 것이 경청이라고 했다. 그렇다면 이런
질문을 할 수 있다.

"어떻게 듣는 것이 잘 듣는 것일까요?"

이 질문에는 흔히 마음을 다하여 듣는 것 아니냐는 대답을 한다.

맞다, 마음을 다하여 듣는 것이 경청이다. 그런데 어떻게 마음을 다
하여 들어야 되는지에 대해서는 모르는 사람이 많다. 그것은 말하는
이의 마음과 생각을 듣고 나와 그의 마음과 생각을 연결하는 것이다.

듣는다는 것은 상대에게서 무언가가 내게로 와서 채워지는 것이
아닌 들어주는 것, 즉 내어주는 것이다. 보통 '듣는 입장은 나니까 내
게 채워지는 것이 아니냐?'라고 할 수 있다. 하지만 잘 듣기 위해서는
모든 것을 내어주는 것이 필요하다.

그뿐인가, 무엇보다 중요한 것이 시간 내어주기다.

한 아이와 할머니가 물건을 사러 가서 주문을 하고 기다린다. 여섯 살쯤 되어 보이는 아이가 옆에 있는 정수기에서 물을 받아 마시려고 했다. 할머니는 뜨거운 물이 있어서 위험하니 할머니가 해주겠다고 말하고 아이 손에 들린 종이컵을 빼앗아 물을 받았다.

"자! 마셔라."

"아니, 할머니."

"네가 물 마신다고 했잖아. 마시라카이."

"그게 아니고 할머니."

"아니긴 뭐가 아니라. 물 마신다고 해서 떠줬는데 왜 안 마시나?"

아이가 할머니 입을 막으며 말했다.

"할머니, 조용히 해봐. 입 다물고 내 말 좀 들어봐 봐."

"뭘 듣노? 물 마신다고 해서 물 줬는데 물은 안 마시고 뭔 말을 들어라 하노?"

급기야 아이는 울면서 소리 지르며 말했다.

"아니, 엄마가 감기 걸렸다고 차가운 물 먹지 말라고 했단 말이야. 의사선생님도 따뜻한 물 자꾸 마시라고 했는데 할머니는 차가운 물 마시라고 하잖아. 앙…. 그러면 오랫동안 아이스크림 못 먹는다고 했단 말이야. 앙. 할머니는 말도 못하게 하고… 앙…."

"아, 그랬나? 진작 얘기하지."

"내가 말하려고 했잖아. 아앙….'

"오야오야, 미안타. 내가 미안테이. 따뜻한 물 주꾸마."

할머니가 단 1분이라도 시간을 내어 아이의 말을 들어주었다면 어땠을까? 아이가 울 일은 없었을 것이다.

초등학교 2학년 남자아이의 엄마가 상담을 하기 위해 나에게 전화를 했다. 아이가 학교 미술시간에 빨간색과 검정색만 주로 사용하는 것이 엄마의 걱정이었다. 담임 선생님도 심리적으로 문제가 있는 것은 아닌지 검사를 해보라는 말을 해 엄마는 불안해하며 전화를 했다. 상담 일정을 정하고 아이와 만났다.

보통 상담 때 몇 가지 검사를 진행하는데 그중 그림검사에서 아이는 검정색과 빨간색을 강하게 사용했다. 이 경우 긍정보다 부정적인 해석을 할 가능성이 높다. 사회적으로도 긍정보다 부정 이미지가 강해 보통 부모나 선생님이 불안해하거나 걱정한다. 이 아이 엄마도 상담을 신청할 정도로 염려가 컸던 것이다.

나는 아이가 어떠한 이유에서 빨간색과 검정색을 주로 사용하는지 호기심이 생겼다. 아이 생각과 이야기에 귀 기울여보았다.

"재원아, 너는 그림을 그릴 때 주로 빨간색과 검정색을 사용하네?"

"네."

"빨간색은 너한테 어떤 느낌일까 궁금하다."

"선생님은 어떤 느낌이에요?"

"나? 예쁘다. 빨간 사과도 예쁘고, 빨간 립스틱도 예쁘고. 또 맛있다. 빼빼로도 빨간 봉지, 새우깡도 빨간 봉지 그리고 빨간 딸기가 얼마나 맛있니? 그래서 빨간색은 예쁘다 또는 맛있다라는 느낌으로 다가와. 너는 어때?"

"우리 엄마가 빨간색은 좋다고 했어요. 건강한 색이라고요. 지난번에 텔레비전에서 나왔는데 빨간색은 심장을 튼튼하게 만든다고 했어요."

"아… 그래, 맞아. 선생님도 본 적 있어. 빨간색이 심장에 좋다고 어떤 할아버지께서 심장이 좋지 않은 할머니를 위해 빨간색 옷만 입는다는 내용이 나왔어. 맞네…."

"네, 빨간색은 건강한 색이에요."

"이야… 너 빨간색을 사용하는 멋진 이유가 있었네. 너는 검정색도 잘 사용하잖아. 검정색은 어떤 느낌이야?"

"그냥 아무 생각 없이 써요. 그림을 그려야 되니까 검정색으로 그리는 거죠."

"그림은 다른 색으로 그려도 되지 않을까?"

"제가 다섯 살 때부터 미술학원에 다녀서 잘 아는데요, 그림은 검정색으로 그리는 거예요. 미술 선생님이 그래야 그림이 잘 보인다고 했어요. 그림그리기 대회에 나가도 검정색으로 그림 안 그리면 상 못 받는데요."

"그럼 너 다섯 살 때부터 그림을 계속 검정색으로만 그렸어?"

"아니요, 다른 색으로도 그렸어요."

"그래? 다른 색으로 그린 적도 있어?"

"네. 그런데 다른 색으로 그림 그리고 색칠을 하면 그려놓은 그림이 사라져요. 그래서 선생님이 검정색으로 그리라고 했어요."

"어? 그럼 색칠을 안 하면 그림이 안 사라질 수도 있겠네?"

"색칠은 꼭 해야 해요. 선생님이 색칠 다 해야 그림이 완성된다고 했어요."

"그러고 보니 오늘 그림은 색칠을 조금만 했네?"

"오늘은 미술학원에서 그리는 게 아니잖아요. 그냥 귀찮아서 그랬어요. 귀찮을 때는 그렇게 해요."

"그래서 검정색하고 빨간색으로만 그리고 조금 색칠한 거구나? 귀찮아서?"

"히히… 네."

"야… 그래도 너 참 대단한 능력이 있어. 색을 조금만 쓰고도 이렇게 그림을 완성하다니 멋진 능력을 가졌네?"

"우리 엄마는 그렇게 생각 안 해요. 여러 가지 색으로 그림 안 그릴 거면 그리지 말라고 했어요."

"그래? 너 선생님한테 이야기한 것처럼 빨간색하고 검정색을 주로 사용하는 이유를 엄마한테 말씀드려봤어?"

"아니요. 물어보지도 않는데 어떻게 얘기해요. 그리고 얘기해도 들어주지도 않아요. 말해도 잊어버리고."

"너희 엄마가 네 말을 잘 안 들어주시고 들어도 잘 잊어버린다고 생각하는구나?"

"원래 그래요. 뭐 말만 하면 언제 그랬냐고 해요. 잘 듣지도 않고. 그래서 말 안 해요."

"엄마는 왜 재원이 말을 잘 듣지도 않고 또 잊어버리시는 걸까?"

"바빠서 그렇대요."

"아… 바쁘셔서 네 이야기를 들어줄 시간이 없으신 거구나?"

"네. 그래도 괜찮아요. 나한테는 휴대폰이 있잖아요."

나는 재원이에게 시간을, 마음을 내어주었다. 그리고 귀를, 따뜻한 눈빛을 내어주고 '너의 이야기를 귀 기울여 잘 들어' 하고 몸(자세)도 내어주었다. 그랬더니 누구에게도 하지 않았던 이야기를 들을 기회가 주어졌다. 그로 인해 재원이 엄마가 걱정했던 빨간색과 검정색을 사용하는 이유를 알고 엄마가 재원이와 어떤 대화를 해야 하는지 알려줄 수 있었다.

평소 재원이는 말수가 많은 아이는 아니었다. 엄마가 질문을 하면 '잘 모르겠다'라고 답했고 대화를 좋아하는 아이가 아니라서 상담이 원활히 진행될까 염려했다. 그런 재원이가 나와의 대화에서 막힘없이 자연스럽게 자기 이야기를 했던 것은 내 생각, 내 느낌, 내 욕심 등 어느 것도 내 것은 없이 내려놓고 나를 내어주었기 때문이었다. 내 시간과 마음이 온전히 재원이에게 집중되어 있다는 것을 재원이는 안 것이다.

재원이 엄마에게 먼저 여러 가지 색깔로 그림 그리지 않을 거면 그리지 말라고 재원이에게 한 말을 취소하고 그렇게 이야기해서 미안하다고 말하도록 했다. 엄마는 재원이에게 사과하며 평소 재원이가 깜짝 놀랄 정도로 그림을 잘 그린다고 생각했는데 이를 표현하지 않아 미안하다고도 했다. 재원이가 늘 같은 색만 사용하는 것이 염려되어 그랬다고 앞으로는 걱정이 있으면 물어보는 습관을 가지기로 재원이와 엄마가 약속을 했다.

내 욕심을 채우려 애쓰지 말고, 하나라도 더 알려주고 수정하고 바꾸려 노력하지도 말고 그저 온전히 시간과 마음을 내어주는 것이 진정한 경청이다.

그렇게 들어야 오해 없이 대화하고 아이의 말과 행동의 의도를 파악할 수 있다.

경청은
힘이 세다

들음으로 마음을 얻는다. 이청득심(以聽得心).
귀 기울여 경청하는 것은 사람의 마음을 얻는 최고의 지혜다.

"선생님, 우리 엄마는 내 말 안 들어줘요."

"원래 우리 집에서는 내 말이 안 먹혀요."

"내가 말하면 엄마는 듣는다고 하면서 안 들어요."

"우리 엄마가 진짜 내 말 들어주면 아마 지구가 멸망할 걸요."

"우리 엄마는 에휴… 말할 시간을 안 줘요."

어쩌다 아이들이 이렇게 하소연하는 상황이 되었을까? 엄마들은 엄마들만의 할 말이 있고 아이들은 아이들만의 할 말이 있다. 서로 존중받고 싶어 하고 자신의 말을 들어주길 원한다. 엄마는 내 아이가 올바르게 잘 자랐으면 좋겠다는 마음에 엄마가 하고 싶은 말을 끊임없이 하고 아이는 자신의 입장을 어떻게 해서든 엄마에게 알리고 싶어 쉴 새 없이 말을 한다. 그런데 듣는 이가 없다.

"네가 말을 할 때 엄마가 잘 들어주시니?"

아이에게 이 질문을 하면 거의 열이면 열 '아니요'라고 답하고 간혹 한두 명이 '들을 때도 있고 안 들을 때도 있어요' 또는 '네'라고 한다. 내 아들은 어떻게 생각하나 궁금해 아들에게 물었다.

"영재야, 네가 말할 때 엄마가 잘 듣는다고 생각하니?"

"아니."

"… 정말? 엄마 열심히 들으려고 하는데 아니야?"

"어, 엄마는 내 말을 무시해."

아들 말에 조금 억울하다는 생각이 들었다. 사달라고 하는 걸 사주고 해달라고 하는 걸 웬만하면 다 해주는데 얼마나 더 잘 들어주어야 말을 들어준다고 할까? 열에 아홉 번을 잘하다 한 번 잘못하면 그 아홉이 쓸모없어진다는 말처럼 한두 번 잘못한 것 때문에 저러는 걸까? 도대체 뭐가 문제란 말인가.

나는 타인의 말을 귀 기울여 잘 듣고 잘 반응하는 편이다. 그래서 지인들은 속상하거나 어려운 일이 있을 때면 나를 찾는다. 상담할 때도 잘 들어주는 것이 기본이라 늘 들으려 노력하는데 아들이 이런 날벼락 같은 말을 하다니 뭐가 잘못된 걸까?

혼자 이런저런 생각을 하다 '경청'이라는 단어의 의미를 검색했다. 《산업안전대사전》에는 이렇게 나와 있다.

상대의 말을 듣기만 하는 것이 아니라, 상대방이 전달하고자 하는 말의 내용은 물론이며, 그 내면에 깔린 동기나 정서에 귀를 기울여 듣고 이해한 바를 상대방에게 피드백하여 주는 것을 경청이라 한다.

《간호대학사전》에는 이렇게 나와 있다.

좋은 치료자와 환자의 관계를 만들기 위해 치료자에게 필요한 자세로서 자신의 가치관이나 의견을 밀어붙이는 일 없이 우선 환자 자신의 자기표현(환자가 말하는 내용뿐만 아니라 표정, 거동까지도 포함해서)에 귀를 기울이는 것을 말한다. 치료자의 경청을 통해 환자는 자유로운 자기표현이 가능해지고 정서적인 해방이 촉진되어 치료적으로 효과적인 치료관계가 만들어진다.

그러니 경청은 효과적인 커뮤니케이션에 아주 중요한 기법이다.
《국어대사전》의 단어 풀이에는 '귀를 기울여 들음'이라고 되어 있고 경청과 관계된 책들이 나열되었다.
조신영의《경청: 마음을 얻는 지혜》, 애덤 S. 맥휴의《경청, 영혼의 치료제》, 정진의《어린이를 위한 경청: 좋은 친구를 사귀는 힘》, 도야마 시게히코의《경청의 인문학: 귀 기울여 경청하는 일은 사람 마음을 얻는 최고의 지혜이다》, 래리 바커, 키티 왓슨의《경청의 힘: 마음을 사로잡는》, 선태유의 《소통, 경청과 배려가 답이다》, 김수철의 《백만 불짜리 경청의 힘》 등이다. 제목만 봐도 경청의 중요성과 왜 잘 들어야 하는지 알 수 있다. 책제목만으로 경청의 의미를 정리해봤다.

경청은 영혼을 치료해 마음을 움직이게 하고, 그로 인해 좋은 관계를 맺게 하는 백만 불짜리 힘이다.

엄청난 힘을 발휘하는 '경청'의 중요성은 강의와 방송, 책에서 익히 들어 많이들 안다. 그런데 어떻게 실천해야 하는가에서 문제가 생긴다. 이미 듣기보다 말하는 습관이 몸에 배여 있고 들으며 인정하기보다 내 생각을 전하고 싶은 욕구가 강해지기 때문에 경청하기가 쉽지 않다.

'공순법'에서 경청은 상대의 말에 귀를 기울이고, 겉으로 드러난 말과 그 말의 의도와 동기, 감정까지도 알아차리며 듣는 것이다.

한자로는 기울어질 경(傾)자와 들을 청(聽)자로 '귀를 기울여 듣는다'라는 뜻이다. 경청의 청(聽)자에는 숨은 이야기가 있다. 자세히 들여다보면 귀 이(耳), 눈 목(目), 마음 심(心), 임금 왕(王)자가 들어가 있는데 이는 '귀로, 눈으로, 마음을 담아 음성으로 듣고, 왕을 대하듯 들어라'로 해석 가능하다.

우리는 아이의 이야기를 들으면 빨리 조언을 하고 싶은 마음이 들거나 평가나 비판의 욕구가 생긴다. 그러한 마음에 즉각적으로 반응하지 말고 온전히 들어야 한다. 겉으로 드러나는 말에만 집중하지 않고 아이 마음의 언어에 관심을 가지고 그 욕구를 긍정적으로 파악해야 아이는 엄마가 내 말을 잘 들어준다고 느낀다.

"우리 엄마는 내 말을 잘 들어줘요."

이렇게 아이가 느끼는 것이 경청이다.

그게 그렇게 말처럼 쉬우면 벌써 했을 거라고 이야기하고 싶을 수 있다.

맞다, 쉽지 않다. 하지만 아이에게 무엇을 가르치고 싶은가. 아이가 사회에 나가 관계를 맺을 때 어떤 모습이었으면 좋겠는가를 생각해보아야 한다.

《경청》의 조신영 작가는 경청을 실천하기 위한 다섯 가지 행동 가이드를 제시했다.

첫 번째, 마음속 판단과 선입견, 충고 등을 비우고 그 마음에 상대와 나 사이 아름다운 공명이 생기도록 공감을 준비하라.

두 번째, 상대방이 얼마나 소중한 존재인지 알고 인격체로 존중하라.

세 번째, 사람은 누구나 이해받고 싶어 하니 이해받기를 원하면 먼저 이해하기 위해 말하기를 절제하라.

네 번째, 교만하지 말고 겸손한 자세로 이해하라.

다섯 번째, 경청은 귀로만이 아닌 눈으로 입으로 손으로 하는 것이니 솔직히 나는 아들이 이야기할 때 겉으로는 경청했으나 가장 중요한 한 가지, 아들을 인정하지 않고 마음에 '삼비 쓰리건 세시'를 가득 채웠다. 그러니 헛된 노력으로 경청하는 척 포장을 한 것이나 다름이 없다. 내 마음속에 가득 차 있는 '삼비 쓰리건 세시'를 깨닫고 나는 아들을 마주하기 전에 일상생활에서 반복적으로 공감을 자석처럼 끌어들이기 위해 인정을 담기 시작했다.

"내 아들 영재는 존재 자체만으로도 귀하다. 영재는 아직 어리지만 생각할 줄 알고 느낄 줄 아는 존재이고 사랑받아 마땅하고 인정받아 마땅한 귀한 존재다. 영재는 나를 바라보고 배우며 세상에 유일하게 아무 이유 없이 나를 사랑하는 존재다. 영재에게 감사하자. 나의 거울인 영재는 나의 스승이다."

이미 밴 습관이 가로막지만 그래도 이 말을 읊고 생각하며 조금씩 변화를 일으키고 지금도 되새기는 중이다. 한참 사춘기에 접어드는 아들의 밝고 행복한 내일을 위해 엄마가 돈 안 들이고 하는 멋진 노력 아닌가.

"영재야, 너 요즘 엄마가 네 말을 잘 듣는 거 같아?"

"응!"

"아! 그래? 고마워, 그렇게 대답해줘서."

잠시의 주춤거림도 없이 대답하는 아들을 보며 '앞으로 더 열심히 들어주고 반응해야겠다'라고 다짐을 했다.

잠시 하던 일을 멈추고 아이에게 다가가 질문을 해보면 좋겠다.

"엄마가 평소에 네 이야기를 잘 들어주니?"

그렇다는 대답을 들어도 너무 좋아하지 말고 그렇지 않다는 대답을 들어도 너무 슬퍼하지 말기를 바란다. 그저 오늘부터 다섯 가지 경청의 자세 '오청'을 하나씩 실천하면 좋겠다. 꾸준히 연습하다 보면 자연스레 아이는 재잘거리며 무엇이든 이야기하고 엄마는 그 이야기를 들으며 미소 짓는 아름다운 풍경이 펼쳐질 것이다.

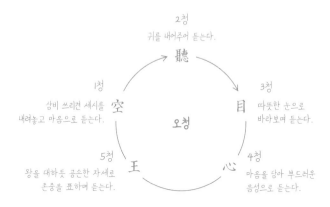

적극적으로
끝까지 들어야 한다

아이들이 인사를 안 하는 것도 이유가 있고, 인사를 잘하는 것도 이유가 있다.
그 이유를 알아야 도울 수 있다.

예로부터 중국은 우리나라를 "해 뜨는 동방에 예의 밝은 민족이
산다"라고 하며 '동방예의지국'이라 평했다.

우리나라는 겸손의 미덕을 실천하느라 늘 '당신 먼저' 또는 '괜찮
다'며 사양하기가 몸에 배었다. 정 많고 신뢰가 바탕이 되었으니 담
도 문도 없는 집들이 옹기종기 모여 있어도 아무것도 훔쳐가는 이
가 없다고 어진 민족이라 칭찬을 아끼지 않았다고 한다. 많은 사람이
'동방예의지국'이라는 칭호를 자랑스럽게 여기며 그에 걸맞은 삶을
살기 위해 애쓴다.

가장 대표적인 일상생활의 예절이 인사하기다. 우리나라 사람들은
목도 가누지 못하고 눈도 뜨지 않고 잠만 자는 신생아 때부터 "인사
해야지" 하며 예절교육을 시작하기도 한다.

대부분의 엄마는 아이가 예의 바르고 경우 있게 자라길 소망한다. 그러나 인사하는 게 너무나 부끄럽고 용기가 나지 않는 아이가 있고 엄마는 그런 아이가 민망하다. 그러다 보니 인사하기 가르치기가 갖은 협박과 강요를 통해 이루어져 어쩔 수 없는 억압과 학대의 악순환이 되는 경우가 허다하다. 여기서 학대라 함은 정서·심리적 학대나 방임을 말한다. 예를 든다면 이렇다.

"너는 인사 하나도 똑바로 못하니? 몇 번을 말해야 말을 들을래? 네가 인사를 안 하면 내 체면이 뭐가 되니? 버릇없게 키웠다고 엄마를 욕하지 않겠어? 너는 그것밖에 안 되는 아이니? 됐다, 네가 그렇지 뭐. 하지 마라, 하지 마. 대신 어디 가서 내 자식이라고도 하지 마."

어떤 아이는 기질과 성향상 인사하기를 힘들어하고 어떤 아이는 버릇이 잘못 들어 인사를 하지 않고 또 어떤 아이는 사람을 가려가며 인사한다. 그런데 이것저것 따지지 않고 인사를 잘하게 하는 방법은 기질도 능가하는 습관을 만드는 것이다.

'내 아이가 인사를 잘했으면 좋겠다. 예의가 밝아야 어디 가서도 인정받고 사랑받으니 예절교육만큼은 필수다.'

이런 생각이 있으면 신생아 때부터 습관이 되도록 반복 학습시켜야 한다. 어려서 뭘 알겠냐 조금 더 크면 가르쳐야지 하다가는 어느 순간 인사를 시켰을 때 눈치 보며 자리를 피하거나 고집을 부리는 상황과 마주하게 된다.

그때부터 인사 전쟁이 시작되고 힘겨루기를 하며 스트레스 상황이 벌어진다. 엄마 입장에서 참 난감하고 어렵다.

'저렇게 싫어하는데 인사를 꼭 시켜야 할까?' 이런 의문을 가졌다가도 막상 인사를 해야 하는 상황에 맞닥뜨리면 또 인사를 시키게 된다.

그런데 대부분의 경우 가만히 지켜보니 엄마들이 참 무심하다는 생각이 든다. 아이의 마음을 조금도 헤아리지 않고 멀찍이 서서 인사하라고만 시킨다. 아이는 부끄럽고 용기가 나지 않아 어쩔 줄을 몰라 한다. 그래도 힘 있는 아이는 그냥 도망가 버리거나 끝까지 고집을 부리고 엄마가 무서운 아이는 마지못해 인사를 한다.

매번 똑같은 상황이 반복된다. 그냥 왜 인사를 잘하지 않는지 잔소리만 하고 지나가 버리니 인사를 해야 할 때마다 같은 상황이 되풀이되는 것이다.

아이와의 대화가 필요하다. 아이의 마음에 관심을 가지고 아이가 하는 마음 이야기에 귀를 기울여주어야 한다. 그다음 왜 인사를 해야 하는지 어떻게 인사를 잘할 수 있을지 아이와 이야기하는 시간을 가져야 한다. 그렇지 않으면 똑같은 상황이 반복될 수밖에 없다.

나 역시 엄마이다 보니 아이와 인사 문제로 한참을 실랑이했다. 어떻게든 인사 잘하는 사람으로 만들려고 많은 노력을 했는데, 아들이 중학생이 되어서도 엘리베이터를 타고 내리면서 속닥속닥 작은 목소리로 말하곤 했다.

"인사했어? 인사해야지."

그런데 어느 순간부터 아들은 머뭇거림 없이 인사를 했다.

"안녕하세요? 안녕히 가세요."

어느 날은 아들이 인사를 해도 반응이 없는 어른을 보며 이렇게 말했다.

"엄마, 저 사람 부끄럽나 봐."

"왜? 인사를 안 받아줘서?"

"어. 나도 부끄러워서 인사를 안 하기도 하고 누가 인사해도 안 받았거든."

"아, 너 그랬지. 부끄럽다고."

"어. 그런데 이젠 괜찮아. 잘할 수 있어."

오랜 시간 인사하는 것이 옳다는 소신을 가지고 꾸준히 인사하도록 가르치고 모범적으로 먼저 인사를 해오기도 했지만, 더 중요한 것은 인사를 하지 않는 이유를 질문하고 아들의 말에 귀를 기울인 것이다. 인사하는 것이 부끄럽다는 아들의 말에 그럴 수 있다고 충분히 마음에 공감을 해주고 인사하는 것이 부끄러운 게 아니라 인사하지 않는 것이 더 부끄러운 행위임을 알려주었다(전달). 그리고 너는 인사를 잘할 수 있다며 용기를 주었다. 엘리베이터에서 사람을 마주하는 순간에 작은 목소리로 '화이팅'을 외쳐주기도 했다. 귀에 들릴 듯 말 듯한 소리로라도 용기 내어 인사를 하면 "오! 멋지다. 성공했어. 대단하다. 잘했어. 봐, 너도 할 수 있잖아"라며 칭찬을 아끼지 않았다.

　소연이는 내향적이고 부끄러움이 많은 아이다. 낯가림이 심해 낯선 사람이나 장소에 적응하는 데 한 달 정도의 시간이 필요했다. 어느 엄마라면 그런 성향의 아이를 키우며 답답해하거나 힘들어하는데 소연이 엄마는 조급해하지 않고 소연이의 성향을 존중했다.

　소연이 엄마가 소연이에게 화내는 모습을 3년이 넘도록 한 번도 볼 수 없었다. 물론 다른 곳에서의 모습은 알 수 없지만 긴 시간 한결같이 차분하고 참 좋은 엄마였다. 소연이 엄마는 소연이를 데리러 오면 늘 이렇게 말한다.

　"소연아, 인사하고 가자."

　하지만 신발을 신고 나면 소연이는 인사를 못하고 엄마 뒤로 숨거나 그냥 밖으로 나가버렸다.

　"원장님, 잠시만요."

　그러면 엄마는 양해를 구하고 소연이를 데리고 온다.

　"엄마가 손잡아줄게 같이 인사하자."

　이러면서 아이 뒤에서 양손을 같이 잡아 손 배꼽 자세를 하고 함께 인사를 한다.

　"원장님, 기다려주셔서 고맙습니다."

　이렇게 마무리까지 늘 똑같이 반복하던 어느 날 소연이가 신발을 신고는 스스로 인사를 하는 게 아닌가.

"안녕히 계세요."

그 순간 엄마의 노력이 얼마나 중요한지 다시 한 번 확인했다. 그 후로 소연이는 엄마가 있으나 없으나 엄마처럼 한결같이 인사를 잘한다. 엄마가 아이의 성향을 알고 아이의 마음을 인정해주면서 포기하지 않고 꾸준히 도움을 준 결과였다.

초등학교 5학년 남자아이 은성이는 큰 목소리로 한 번도 빠뜨리지 않고 인사를 잘한다. 어느 날 은성이에게 물어봤다.

"은성아, 너는 어쩜 그렇게 인사를 잘하니?"

"저요? 저 원래 인사 안 했어요."

"그래? 이렇게 인사를 잘하는데 원래 인사를 안 했어?"

"네."

"그럼 어떻게 이렇게 인사를 잘하게 됐을까?"

"엄마가 자꾸 시켰어요. 하기 싫은데."

"인사하기 싫은데 엄마가 자꾸 시켜서 인사하는 거야? 그런데 선생님이 보기에는 하기 싫은 인사를 하는 게 아니라 너 인사하는 걸 즐기는 것 같은데?"

"맞아요. 지금은 인사하는 거 재밌어요. 원래는 재미없었는데."

"그렇구나. 그런데 어쩌다 재미없던 인사가 재미있어졌을까?"

"그게요, 처음에는 인사하는 게 부끄럽고 싫었어요. 그런데 엄마가 협박해서 인사를 강제로 했단 말예요. 근데 인사를 했는데 이모가 용돈을 주시는 거예요. 인사 잘한다고. 그래서 인사하다가 보니까 이제는 용돈을 안 주는 거예요. 그런데 용돈은 안 줘도 인사는 받아줘야 하잖아요. 인사해도 안 받아주는 사람이 많아서 또 인사 안 했어요. 근데 엄마가 혼내는 거예요. 왜 인사 안 하냐고. 그래서 인사해도 안 받아주는데 왜 인사해야 하냐고 말했더니 엄마가 목소리가 작아서 안 들려서 인사를 안 받아주는 거라고 큰 소리로 인사를 하라는 거예요. 그래서 신경질 나서 소리 지르면서 인사했는데 엄마가 막 웃더라고요. '그렇지, 그렇게 인사해야 들리지. 잘했어.' 그러기에 그다음부터 엄마 보라고 그렇게 인사했는데 사람들이 좋아해요. 이제는 인사받든지 말든지 신경 안 쓰고 그냥 해요. 그런데 있잖아요. 요즘에는 인사하면 칭찬을 받아요. 그래서 재미있어요. 지난번에는 슈퍼 갔다 오는 아줌마한테 인사했는데 아줌마가 인사 잘한다고 아이스크림도 주던데요."

"하하하, 너 멋지다. 인사만 잘하는 게 아니라 말도 재미있게 잘하네. 최고다, 은성!"

다 이유가 있다. 인사를 안 하는 것도 이유가 있고, 인사를 잘하는 것도 이유가 있다. 그 이유를 알아야 도울 수 있다. 이유를 알기 위해서는 관심을 가져야 하고 마음에 있는 이야기까지 다 듣도록 경청과

엄마의 말투

인정을 잘해야 한다.

은성이는 종종 귀찮다며 '몰라요'라는 말을 반복한다. 그런 은성이에게 인사를 너무나 잘하는 은성이의 비법이 뭐냐며 호기심과 관심을 가지고 질문을 했다. 그렇게 적극적인 관심으로 들을 자세를 갖추었더니 이야기를 하기 시작했고 귀 기울여 경청하는 자세를 취했더니 봇물 터지듯 말문이 트여 자신의 이야기를 재미있게 늘어놓았다.

'아이가 인사를 좀 잘했으면 좋겠다'라는 생각을 가진 엄마들은 유아기에 습관처럼 큰 소리로 인사하기를 엄마가 먼저 실천을 하고 아이에게도 반복적으로 인사를 하도록 습관을 만들어주어야 한다. 아이가 이미 성장을 해서 아동기에 접어들었지만 인사를 잘하지 않아 아이와 인사 전쟁 중이라면 관심 있는 경청을 잘 실천하고 기다려주어야 한다.

"○○아, 조금 전에 202호 아저씨 만났잖아. 엄마는 인사했는데 너는 왜 인사를 안 했을까?"

"○○아, 엄마 정말 궁금한 게 있는데 이야기해줄 수 있어? 있지, 엄마는 ○○이가 인사를 씩씩하게 하면 참 좋을 것 같은데 어떻게 하면 인사를 잘할 수 있을까?"

"○○아, 엄마 질문 하나만 할게. 너는 인사를 해야 하는 순간에 어떤 생각이 들어?"

이런 친절한 말투로 아이의 동의를 구하고 다시 질문해 아이가 인사에 어떤 생각을 가지고 있는지 편안하게 이야기하도록 해준다. 그렇게 아이가 마음에 있는 이야기를 하면 아이의 말을 끝까지 들어주고 그 생각을 인정해주어야 한다.

"아, 그렇구나. 너는 그래서 인사하기가 어려운 거구나."

"아, 그래서 그런 거구나. 너는 그렇게 생각하고 있었네. 엄마가 몰랐어. 친절하게 도와주지 못해서 미안해."

"아, 그런 마음이었구나. 알겠어, 엄마가 빨리 물어볼걸 그랬어. 지금이라도 알았으니까 엄마가 조금 더 기다려줄게."

"아, 그랬던 거구나. 아이고… 엄마가 네 마음을 몰랐네. 미안해. 이제 엄마가 도와줄게."

아이 말을 끝까지 듣고 그랬구나 인정하고 그동안 엄마의 실수를 사과하며 인사를 잘하도록 도움을 주고 싶다는 생각을 전하면, 분명 아이 스스로 편안하게 인사하는 순간이 올 것이다.

인사하기

인사하기는 성격적으로 타고나지 않으면 습관으로 만들어주어야 합니다. 타고난 기질을 능가하는 것이 습관입니다. 때로는 이렇게 말하는 엄마들이 있습니다.

"인사를 왜 꼭 해야 하나요?"
"때가 되면 인사하겠죠."
"인사하고 싶으면 하겠죠. 스트레스 줘가면서 인사시키고 싶지 않아요. 애가 스트레스받는 건 싫거든요."

인사하는 것이 스트레스가 되기까지 그냥 두었다면 인사를 하지 않는 것에도 스트레스를 받을지 모릅니다. 인사는 관계의 시작이자 소통의 기본입니다. 원활한 또래관계 형성에도 인사 습관은 필요하지요. 인사하는 것을 부끄러워하는 아이는 내성적인 기질을 가졌는데 이런 아이도 어려서부터 인사를 편안하게 하도록 습관을 만들어주면 작은 목소리로도 인사를 곧잘 합니다.

우리 아이가 인사를 잘해서 칭찬을 듣거나 인정을 받으면 아이의 자존감이 높아집니다. 부모의 양육태도와 양육환경으로 성격이 형성됩니다. 그것을 바탕으로 아이는 또래관계와 사회적 관계를 만들어갑니다. 결국 엄마의 노력이 중요합니다. 어려서부터 재미있게 인사하기 놀이나 칭찬을 통해 인사를 습관으로 만들어주세요.

그런데 초등학생이 되어서도 인사를 잘하지 않는다면 우리 아이가 왜 인사를 하지 않는지 유심히 관찰하고 반복적으로 친절하게 인사하기를 실천하도록 용기도 주고 엄마와 연습도 해보면서 습관으로 만들려는 노력이 필요합니다.

이렇게 이야기하면 용기 내기가 조금 더 쉬워집니다(공순법의 전달).

"기억하니? 너 조금 더 어렸을 때 인사를 참 잘했어."

"네가 인사를 하면 엄마는 기분이 좋아져. 너도 그렇지?"

"부끄러워서 그러니? 엄마가 같이 해줄게."

취학 전 아동은 엄마가 아이 뒤에서 아이의 양손을 잡고 함께 고개 숙여 인사를 해주면 조금씩 스스로 인사하는 힘이 생깁니다.

서로 관계 맺고 소통하며 살아가는 세상살이에서 인사하며 따뜻하게 마음 나누는 경험을 하도록 아이에게 기회를 주세요.

엄마의 말투

3장

있는 그대로 받아들이는 인정의 말투

사랑하는 마음은
자신도 타인도 있는 그대로 인정하는
용기를 갖게 한다.

엄마의 인정이 Yes를 말하는 것은 아니다

아이가 원하는 것을 친절하게 거절하는 방법은 없을까?
떼쓰고 화와 짜증이 심한 아이, 어떻게 하면 평안하게 할까?

"엄마, 나 오늘 친구 집에서 놀다가 자고 올래."

"어? 안 돼."

"왜? 왜 안 돼?"

"그건 우리 집 규칙이야. 잠은 집에서 자야 해."

"싫어. 나 친구 집에서 자고 올 거야."

"안 돼! 놀다가 잠은 집에 와서 자."

"다들 친구네서 잔다는데 왜 나만 안 돼?"

"글쎄 안 돼! 엄마가 안 된다면 안 되는 거야."

아들 입장에서는 참 기가 막히고 코가 막힐 노릇이다.

'친구들은 다 같이 모여서 함께 잔다고 하는데 왜 나만 안 되는 것
일까? 우리 엄마는 공산주의 폭군이다.'

이렇게 생각하며 짜증과 화가 뒤섞여 얼마나 속이 상하고 싫을까. 다 같이 잠자려고 하는 중에 혼자 일어나 집으로 돌아와야 하는 아들 심정이 얼마나 억울하고 속상할까. 하지만 규칙은 규칙이니 지켜야 한다. 구구절절 잠을 집에서 자야 하는 이유를 설명하자니 주거니 받거니 말싸움이 될 듯하고 마음을 좀 읽어주려니 그러다 홀랑 아들의 떼쓰기 신공에 넘어가 버릴 것만 같다. 그래서 마음 읽어주기고 뭐고 그냥 규칙이니 지켜야 한다고 딱딱하고 차갑게 거절할 수밖에 없다.

권위적인 엄마.

"나는 네 엄마이고, 너는 내 아들이니 이 집 규칙을 정하는 것은 엄마인 나요. 너는 내 그늘 아래 사는 중이라 그냥 복종하라! 이유 없다. 우리 집 규칙은 잠은 집에서 자는 것이다!"

아주 단호하게 말한다. 그러면 아들은 신경질에 짜증을 더해 엄마가 폭군이면 나는 대폭군이라는 투로 말한다.

"그 집이나 이 집이나 똑같은 집이고 그 엄마나 이 엄마나 똑같이 엄마인데 그 엄마는 되고 이 엄마는 안 되는 이유가 뭐야? 밖도 아니고 집에서 잔다는데 안 되는 이유가 뭐야?"

얼마나 답답하고 짜증이 날까? 이럴 때 대부분의 엄마들은 묵언으로 대처하거나 더 화를 내 아이의 성질을 잠재우거나 하지 않을까? 어떤 엄마는 이렇게 말한다.

"구구절절 아이에게 안 되는 것을 설명하는 게 오히려 아이를 더

약 올리는 것 같아서 단호하게 안 된다고 말해요."

이렇게 단호하고 확고하게 폭군처럼 차갑게 아이의 소원을 거절하면 정확한 이유를 몰라 답답하고 마음도 상해 다음 기회에 또 똑같이 반복적으로 상처받을 상황을 만들게 된다.

"엄마…."

"안 돼!"

"엄마…."

"안 돼!"

"왜?" (버럭!)

"안 된다고 했잖아!"

이렇게 악순환이 되는 것이다. 공순법으로 아이가 원하는 것을 친절하게 거절하는 방법을 쓰면 아이의 떼쓰기도 화도 짜증도 줄어드는 경험을 하게 된다.

"엄마, 나 오늘 친구 집에서 놀다가 자고 올래."

"어? 친구 집에서 놀다가 자고 온다고?"

"어. 다 같이 놀다가 자기로 했어."

"친구들이 다 같이 그렇게 하기로 했으면 너도 같이 자고 싶긴 하겠다."

"어, 그러니까 나 친구 집에서 잘게."

"친구들과 함께 자고 싶은 네 마음은 충분히 공감이 돼. 하지만 우리 집 규칙이 잠은 집에서 자는 걸로 되어 있어."

"다들 친구 집에서 자는데 왜 나만 안 돼?"

"어떡하니… 속상하겠다. 정말 미안한데 엄마는 허락해줄 수가 없어. 우리 집 규칙이다 보니 누나 역시 한 번도 남의 집에서 잠을 자고 온 적이 없잖니?"

"에이… 알겠어. 그럼 조금 늦게까지 놀아도 돼?"

"몇 시까지 놀려고?"

"10시. 아니 11시."

"그렇게 늦게까지 놀아도 괜찮을까?"

"친구 부모님이 허락하셨어."

"그래? 그럼 적당히 놀고 조심히 와."

"어, 알겠어."

"아들, 고마워. 우리 집 규칙을 깨지 않고 지켜줘서 고마워."

속상한 마음, 친구들과 함께하고 싶은 마음을 읽고 인정했을 뿐인데 상황이 완전히 바뀌었다. 떼쓰던 모습도 없이 화도 짜증도 없이 수긍하는 아이의 모습에 얼마나 감사한지 모른다.

보통 엄마들은 눈치가 구단이라 아이가 말을 꺼내는 순간 거절하기 쉽다.

"엄마, 오늘 친구 집에서….

"안 돼!"

그러지 않고 끝까지 들어주고 아이의 말과 마음을 인정했다. 그 인정이 아이가 엄마 말을 수용하는 결과를 만들어냈다.

아이가 어떠한 상황에 어떠한 모습으로 다가오든 엄마는 즉각적인 반응을 하지 않는 것이 좋다. 잠시 기다려야 한다. 아이가 하는 말에 끝까지 귀 기울여 아이의 정확한 마음을 알아차리고 그래도 잘 모르겠으면 아이에게 질문해야 한다. 질문을 통해 아이의 솔직한 마음을 들어야 아이가 원하는 인정을 할 수 있다.

사람은 누구나 인정받기를 좋아한다. 흔히 인정이라 하면 어떠한 결과나 성과를 먼저 떠올린다. 그러나 또 다른 겉으로 드러나지 않은 마음, 생각, 느낌, 욕구의 인정이 사람의 마음을 평안하게 한다. 특히나 아이들은 그 인정으로 자존감이 커지고 정서적으로 안정감을 느끼기도 한다.

네 살 아라는 편의점만 보면 그냥 지나치지 않고 바닥에 누워서라도 버티다가 꼭 손에 달콤한 것을 하나 쥐어야 집으로 간다. 어린이집 차량을 타고 내리는 곳이 편의점 앞이라 매일 엄마와 아라는 편의점 앞에서 신경전을 벌인다. 등하원 장소를 바꿔도 편의점을 지나쳐야 하는 상황이니 아라는 창밖을 보다가 편의점 앞만 지나면 차 안에서도 소리를 지르며 운다.

"아… 앙… 내려! 내려!"

결국 등하원 장소를 다시 편의점 앞으로 바꾸고 편의점 출석부에 매일매일 도장을 찍었다. 물건을 사는 금액도 문제이지만 아라의 건강을 위해서라도 편의점을 가지 않아야 했다. 그런데 방법이 없었다. 모른 척도 해보고 야단도 쳐보았지만 어찌할 도리가 없었다. 엄마 아빠는 아라가 심리적으로 문제가 있는 것인지 걱정이 되어 상담을 받기로 했다.

"선생님, 애정결핍이면 먹는 것에 집착을 한다고 하잖아요? 우리 아라가 애정결핍이라서 그런 걸까요?"

"아라가 먹을 것에 집착을 해서 그런 행동을 보인다고 생각하시는 건가요?"

"네. 혹시나 해서요."

첫 상담 시 나눈 대화다. 엄마 아빠는 아라가 먹을 것에 집착해서 편의점 앞을 그냥 지나치지 못한다고 생각했지만 몇 가지 질문을 통해 아라는 편의점에서 사온 것들을 다 먹지도 않으면서 매일 사달라고 한다는 것을 알게 됐다. 또 평상시 엄마와 아라의 소통방식을 점검하고 아라가 심각하게 떼를 쓰는 순간들을 확인한 결과 애정결핍이나 먹을 것에 집착하는 상태는 아니었다.

상담센터 앞에도 편의점이 있었다. 첫날 아라와 나는 일층으로 내려갔다. 편의점을 발견한 아라는 뒤도 돌아보지 않고 들어갔다. 조용히 따라가 아라가 어떻게 하는지 지켜보았다. 아라는 이리저리 구경

∴ 엄마의 말투

하더니 사탕 하나를 손에 들고 카운터에 섰다.

"아라, 그거 뭐예요?"

"음… 사탕."

"아라 사탕 좋아해요?"

"응, 아라 사탕 좋아해요."

"그렇구나…. 아라 사탕 좋아하는군요."

"이거 계산하고 먹어야 해요. 계산해주세요."

"어, 아라 돈 있어요?"

"아니, 없어요."

"그럼 어떻게 하지? 선생님 주머니에 돈이 있나… 한번 찾아봐야 겠다."

눈을 동그랗게 뜨고 말똥말똥 쳐다보는 눈망울이 어찌나 예쁜지 그 사탕을 꼭 사주고 싶어졌다.

"짠! 아라야, 선생님 주머니에 돈이 있네. 선생님이 이 사탕 사면 우리 같이 나눠 먹을까요?"

"응. 우리 같이 나눠 먹어요."

귀여운 아라와 나는 사탕을 사들고 신나게 센터로 돌아와 엄마도 한 개, 아빠도 한 개, 너도 한 개, 나도 한 개 나눠 먹으며 즐겁게 이야 기를 나누고 다음 날 다시 만나기로 했다. 아라가 밖으로 나가자 조용히 뒤따라 나갔다. 아라가 편의점에 또 들어가자고 졸라댈까 봐서였다.

아니나 다를까, 참새가 방앗간을 어찌 그냥 지나가리오!

아라는 엄마의 손을 끌고 편의점으로 향했다.

"어! 아라야, 집에 안 가요?"

"응. 안 가요. 아라 편의점에 가요."

"어! 아라 아까 편의점에 선생님하고 갔다 왔잖아요. 그런데 또 가요?"

아라는 앞에 있는 나를 밀치고 막무가내로 편의점으로 엄마 손을 끌고 가려 했다. 나는 아라의 손을 잡았다.

"아라야, 엄마는 편의점에 안 가고 싶대요. 선생님은 아라랑 편의점에 가고 싶은데 같이 갈까요?"

아라는 엄마 손을 놓고 내 손을 덥석 잡고는 깡충깡충 뛰며 편의점으로 들어갔다. 잠시 이리저리 구경하던 아라는 좀 전에 사서 나눠 먹었던 사탕과 똑같은 것을 하나 들고 계산대 앞에 섰다.

"아라, 아까랑 똑같은 사탕 가지고 왔네요. 그런데 선생님 주머니에 돈이 이것밖에 없어요."

동전 오백 원을 꺼내서 보여주었다.

"오백 원으로는 아라가 가지고 온 사탕 살 수 없어요. 아라야, 우리 다른 사탕 한 번 볼까요?"

"응."

"그래. 같이 가봐요. 어디 보자, 이것도 오백 원이고 이것도 오백 원이네요. 아라는 어떤 거 하고 싶어요?"

"음… 저거는요?"

"그건 안 될 것 같은데… 오백 원으로 살 게 별로 없어요, 그죠? 아라 사탕 사고 싶은데 돈이 부족해서 어떻게 하죠?"

"음, 어떻게 하죠…?"

"아라야, 그럼 우리 내일 또 만날 거니까 내일 다시 올까요? 오늘 사탕 한 번 먹었으니까, 어때요?"

"아니야!"

"아라, 속상해요? 에고… 어떻게 하나, 우리 아라 속상해서. 자, 손가락 약속하고 내일 꼭 와요. 응?"

"흐엉….."

아라는 잠시 울기는 했지만 더 이상 떼쓰지 않고 편의점에서 나와 집으로 갔다. 아라 엄마와 아빠는 그렇게라도 포기하고 편의점에서 아무 물건도 사지 않고 나온 아라가 신기하다며 인사를 건넸고 우리는 다음 날 다시 만났다.

"아라야! 안녕?"

내 인사를 받는 둥 마는 둥 손부터 잡고 편의점으로 가자고 나를 끌었다.

"어! 아라 편의점에 가고 싶어요?"

"응."

"아… 선생님도 아라하고 편의점에 가고 싶어요. 우리 달콤한 사탕 오늘 사먹기로 했잖아요, 그죠?"

"응. 편의점에 가요."

"그런데 아라야, 선생님하고 약속을 하고 가야 해요. 약속할 수 있어요?"

아라는 고개를 끄덕끄덕했다.

"아라야, 지금 선생님하고 편의점에 갈 거죠?"

"응."

"그런데 오늘은 편의점에 한 번만 갈 수 있어요. 선생님한테 돈이 조금밖에 없거든요. 어제도 돈이 부족해서 못 사고 그냥 나왔죠?"

"응."

"오늘도 지금 한 번 갔다 오면 다시 집에 갈 때에는 돈이 부족해서 사탕을 살 수 없어요."

"응. 우리 한 번만 가요."

"그래, 한 번만이에요."

그렇게 편의점을 들러 센터에서 상담을 마치고 집에 돌아가는 길에 편의점 앞에 모두가 함께 섰다. 네 살 아라가 약속을 순순히 지킬 리가 있을까. 그래도 약속을 기억하고는 있어서 그런지 나의 눈을 피해 엄마 손을 잡고 떼쓰기 시작했다.

나는 아라에게 다가가 살며시 손을 잡으려 했지만 아라는 내 손을 피해 엄마를 붙잡고 소리쳤다.

"편의점, 편의점."

"아라, 편의점에 가고 싶어요?"

"…."

"선생님하고 편의점에 가서 구경하기 할까요?"

"선생님 못 간다고 했잖아요."

"맞아, 선생님이 못 간다고 했죠. 그런데 왜 못 간다고 했을까요?"

"돈 없어서."

"어! 아라 잘 아네요. 맞아, 선생님은 돈이 없어요. 엄마랑 아빠도 오늘 돈을 안 가지고 오셨어요. 그런데 아라는 편의점에 가고 싶은 거잖아요, 그죠?"

"응, 아라 편의점에 가고 싶어요."

"그래, 아라는 편의점을 좋아하니까 너무 가고 싶은 거죠?"

"응, 아라는 편의점 좋아해요. 그래서 가고 싶어요."

"그럼 아라야, 이제 남은 돈이 없으니까 우리 구경만 하고 나올까요?"

"응."

그렇게 편의점에 들어갔지만 아무것도 사지 않고 순순히 나올 리가 있을까. 나올 때는 서글프게 울었지만 이전처럼 바닥에 드러누워 떼쓰며 소리 지르는 상황은 없었다. 그렇게나마 편의점을 퇴장하는 아라의 모습에 엄마와 아빠는 만족하면서 일주일을 비슷한 상황을 반복했다.

아라 엄마와 아빠 그리고 나는 지치지도 힘들지도 않았다. 조금씩 변화를 보이는 아라의 모습에 희망이 있었기 때문이다. 아라와 함께 편의점 구경하기는 하루에 두 번 변함이 없었지만 물건을 구매해서 나오는 건 절반으로 줄었다.

아무것도 구입하지 않고 구경만 하고 나왔지만 아라의 울음은 서서히 잦아들었다. 그 이유는 나도 아라 엄마도 아빠도 아라가 편의점에 가고 싶어 하는 마음을 인정하고 사탕을 사고 싶어 하며 또 살 수 없어 속상한 마음을 그대로 받아들였기 때문이다.

흔히 '너 그거 하고 싶구나'라고 인정하면 그것을 하게 해야 한다고 여긴다. 또 '너 그거 갖고 싶구나'라고 하면 사주어야 한다고 생각한다. 하고 싶고 갖고 싶은 것을 떠나 아이가 옳지 않은 행동을 했을 때 예를 들어 친구를 때렸을 때 '너 친구를 때리고 싶었구나'라고 하면 옳지 않은 행동이 정당화되는 것 같은 느낌이 들어 인정해줄 수 없다고 생각한다.

하지만 인정하는 것은 'Yes!'가 아니다. 인정은 말 그대로 아이의 마음을 받아들이는 것이다.

'아, 너는 그렇구나.'

'아! 너는 그랬구나.'

이처럼 네 입장에서는 그럴 수 있겠구나다. 옳고 그름은 그 후의 문제다. 아이의 마음을 인정하지 않고 야단치거나 옳은 것을 가르치려 하면 아이는 마음을 닫고 배움도 변화도 포기해버린다. 스스로 잘못했음을 알면서도 도리어 상처를 가슴에 묻고 어긋난 행동을 하기도 한다.

아이도 안다. 옳은 행동과 잘못된 행동을. 할 수 있는 것과 할 수 없는 것에 이유가 있음을. 아이의 마음을 인정하는 엄마의 말 한마디에 아이는 욕구를 내려놓기가 더 쉬워지고 바른 행동을 하고자 하는 의지가 더 강해진다.

한 달이 지나고 아라 엄마의 전화를 받았다.

"선생님, 잘 지내시죠?"

"네, 어머니. 잘 지내세요? 아라는요? 지금도 편의점 출석부에 도장 찍어요?"

"네, 하하하. 그런데 결석을 조금씩 해요."

"아! 그래요? 다행이네요."

"선생님, 아라가 편의점 앞에서 '엄마, 돈 있어?' 이렇게 물어봐요."

"하하하하, 그럼 돈이 없다고 하면 어떻게 해요?"

"돈 없다고 하면 '엄마, 오늘은 구경만 하고 가자' 그래요."

"아이고… 어머니 됐네요. 아라가 컸네요, 그새."

"선생님 덕분이에요. 제가 아라한테 '우리 아라 사탕 사먹고 싶을 텐데 구경만 하고 나와서 섭섭하겠다'라고 말하면 아라가 '괜찮아, 다음에 꼭 사면 되지'라고 말해요."

"아이고… 됐네요, 됐어요. 어머니, 정말 훌륭하세요. 어머니 노력이 헛되지 않은 거죠. 대단하세요."

"뭘요. 선생님 덕분이에요. 인정하는 방법도 몰랐고 인정한다는 걸 생각도 못했는데 가르쳐주셔서 감사해요."

"몰라도 못하고 알아도 실천하지 못하는 사람이 많은데 어머님께서는 하셨잖아요. 다 어머님 공이에요. 계속 응원할게요."

아이의 마음을 있는 그대로 받아들이는 인정. 엄마는 고운 말투로 인정만 해도 아이는 마음이 편해진다. 엄마의 인정에 아이는 '괜찮다'라는 느낌을 받기 때문이다.

엄마의 말투

감성의 눈으로 바라보면
문제아는 없다

눈으로 바라보면 부족함 투성이지만 마음으로 바라보면
아이의 잠재된 능력이 보인다.

나는 공순법 강의를 이렇게 시작한다.

"어머나… 선생님들 표정이 참 좋으세요. 옆에 계신 선생님들 한 번 바라보세요. 이마에 '나는 따뜻한 사람입니다' 하고 쓰여 있지 않나요? 이렇게 이야기하면 '뭔 소리래, 저 강사 사람 보는 눈 참 없다' 하실지 모르겠어요. 겉으로 보이는 표정을 읽지 마시고요. 숨은 속 표정을 읽어보세요. 옆 사람을 다시 한 번 보세요. 이마에 '나는 따뜻 한 사람입니다' 하고 쓰여 있죠? 어머! 표정이 더 좋아지셨는데요."

강의를 듣는 분들과의 관계 맺기를 위해 내가 누구인지 어디에서 무엇을 하는 사람인지를 알리기 이전에 이런 말로 시작한다. 청중의 감성 뇌를 두드려 깨워 감성의 눈으로 나를 바라보고 감성적으로 강의에 참여하게 하기 위한 노력이다. 따뜻한 감성의 단 한마디가 강의

분위기를 조금 더 편안하게 하는, 경험에서 얻은 나름의 노하우다.

"표정이 좋으시네요. 당신은 따뜻한 사람인 것 같습니다."

이 말을 싫어할 사람이 몇이나 될까?

모든 사람은 겉으로 드러나는 모습 이면에 숨겨진 더 멋진 모습이 있다. 아이들도 그렇다. 외적으로는 말이나 행동이 바르지 않아도 내면에는 바른 모습이 있다. 그런 아이들을 어떤 눈으로 바라보느냐에 따라 아이의 태도는 금세 달라지기도 한다.

우리 어른들은 아이를 어떤 눈으로 바라봐야 할까?

도연이는 눈치를 보며 이것저것 물건들을 마구 만지다 부서뜨리기도 하고 떨어뜨리기도 했다. 그럴 때마다 어른들은 하지 말라고만 말하며 통제하고 혼내는 경우가 많았다.

늘 혼나니 눈치 보며 탐색전을 벌였다. 엄마는 도연이가 물건을 만지면 부서지거나 흐트러지는 경우가 많아 되도록 만질 수 없게 한다고 말하면서 도연이는 마의 손을 가졌다고 했다. 또 타일러도 보고 혼내도 보고 때려도 봤지만 도통 말을 듣지 않는다며 남한테 민폐가 되는 상황을 만들기 싫어 같이 어디에 가기조차 꺼린다고 했다.

상담실에 들어와서도 상담실 물건들을 마구 만지며 흩트려놓는 도연이의 모습에 엄마는 어쩔 줄 몰라 했다.

"어머니, 도연이가 어떤 아이처럼 보이세요?"

"제가 엄만데 사실 예뻐하고 싶죠. 그런데 자꾸 문제를 만드니까 문제아처럼 보여요."

"아… 어머니는 도연이가 문제를 자꾸 만드니까 문제아로 보이신다는 거죠?"

"네, 그래서 속상해요."

"충분히 그러실 수 있어요. 남의 물건을 허락도 없이 만지고 그 물건을 떨어뜨리거나 부서뜨리는 상황이 반복되면 문제가 생기니 문제아처럼 보일 수밖에 없죠. 어머니, 참 힘드셨겠어요. 그런데 어머니, 저는 도연이를 호기심이 많은 아이구나, 알고 싶은 것이 많은 아이구나 하고 봤어요. 그런 도연이를 어떻게 도와줄까 생각을 했어요."

"호기심이야 많죠. 그건 저도 알아요. 그런데 그걸 어떻게 다 맞춰 줘요. 만지면 위험한 물건도 있고 남의 물건은 또 막 만지면 싫어하는데요."

"맞아요. 도연이의 호기심을 다 충족시켜 줄 수는 없죠. 그렇지만 도연이의 마음은 충족시킬 수 있잖아요."

도연이 엄마는 이 무슨 뜬금없는 소리인가 하고 나를 빤히 쳐다보았다. 그사이 도연이는 물건을 하나 만지다 떨어뜨리고는 얼른 도망가듯 밖으로 나가버렸다.

"보세요. 도연이는 문제아가 아니에요. 호기심이 많은 아이, 스스로 많은 것들을 경험하고 싶어 하는 아이예요. 조금 아까 물건을 떨어뜨리고 얼른 도망가듯 나가버렸죠? 도연이는 알아요, 남의 물건을 함부로 만지면 안 된다는 것도 물건을 떨어뜨리면 혼난다는 것도요. 그러니 혼날까 봐 저리 빠르게 도망가 버리죠. 그런데 도연이한테 물건을 떨어뜨리거나 부서뜨렸을 때 어떻게 해야 한다고 알려주셨어요?"

"네, 늘 이야기하죠. 했으면 했다고 이야기하라고요."

나는 도연이를 불렀다.

"도연아, 선생님하고 엄마가 이야기할 때 도연이 이 방에서 나갔지?"

도연이는 내 말을 끝까지 듣지 않고 얼른 도망가듯 나가버렸다. 나는 도연이한테로 다가가 말했다.

"도연아, 선생님 도연이 혼내는 거 아니야. 도연이한테 궁금한 게 있어서 물어보려고 그래. 잠시만 와볼까?"

도연이는 다가오지는 않았지만 더는 도망가지 않고 그 자리에 멈춰 섰다. 나는 도연이의 손을 잡고 눈높이를 맞춰 앉았다.

"도연아, 여기 궁금한 거 진짜 많지?"

도연이는 대답 없이 눈만 멀뚱멀뚱거리며 쳐다보기만 했다.

"도연아, 여기 있는 거 다 만져봐도 괜찮아. 그런데 다칠까 봐 걱정돼서 그러니 살살 만졌으면 좋겠어. 그렇게 할 수 있어?"

도연이는 여전히 대답 없이 고개만 끄덕였다.

"그리고 도연아, 뭐든 떨어지거나 부서지면 선생님이 도와줄 테니까 선생님한테 꼭 이야기해줄래?"

또 고개를 끄덕였다.

"그래, 선생님 이야기 잘 듣고 대답해줘서 고마워, 도연아."

그러고는 엄마와 다시 이야기를 하려는데 무언가를 떨어뜨리는 소리가 났다. 도연이가 어떻게 하나 보려고 아무 반응도 하지 않고 잠시 기다렸는데 도연이는 도움을 청하러 오지 않았다. 또 다른 곳으로 도망갔나? 빼꼼이 소리 나는 쪽으로 고개를 내밀어 보니 도연이가 그 자리에 서 있었고 나를 보더니 살짝 놀라는 모습을 보였다.

"도연아, 무슨 일 있어? 선생님이 도와줄까?"

"선생님, 저거 만지고 싶은데 이게 떨어졌어요."

"아, 너는 인형 만지고 싶었는데 달력이 떨어져버렸구나. 그래도 다행이다. 깨지는 물건이 아니고 너도 다치지 않았으니까. 도연아, 그런데 물건이 떨어지면 어떻게 하면 좋을까?"

도연이는 내 말에 얼른 달력을 제자리에 올려놓았다.

"우와, 도연이 잘 아네. 물건이 떨어지면 제자리에 놓아둬야 한다는 걸 도연이 알고 있네. 도연아, 이렇게 높은 곳에 있는 물건을 만지고 싶을 때는 '선생님, 도와주세요' 하고 말하면 선생님이 도와줄게."

"네…."

"음, 대답해줘서 고마워."

그리고 도연이는 상담센터에 있는 동안 쉴 새 없이 나를 찾고 떨어트리고 주워 올리고를 반복했다. 그러다 어느 순간 너무 조용해 도연이가 있는 곳으로 가보았더니 4D블록으로 쌓기 놀이를 혼자 하고 있었다. 엄마는 조용히 앉아 블록을 하는 도연이가 신기하다고 했다.

도연이를 감성적인 눈으로 바라보지 않았으면 어땠을까? 마음을 읽으려 노력하지 않았다면 어쩌면 도연이가 상담센터에서 나갈 때까지 눈치 보며 물건들을 만지고 떨어트리고 혼나는 상황이 반복되었을지도 모를 일이다. 감성의 눈으로 도연이의 마음을 읽어 문제를 일으키는 아이가 아닌 호기심이 많은 아이라는 것을 알게 되었다.

그 호기심을 인정하고 적당한 범위 안에서 마음대로 만져보고 구경하도록 허용했더니 도연이도 마음이 편안해졌는지 차분한 모습을 보였다.

상담센터를 찾아온 도연이는 이미 많은 어른의 태도에 상처를 받은 모습이었다. 실수를 하고 혼날 뒷일이 빤하니 도망을 가고, 도연이는 문제가 생길 때마다 지목당하고 혼나는 것을 반복적으로 경험했다. 악순환의 연속이었다. 그래서 도연이에게는 허용범위를 넓히고 어른들에게 신뢰를 쌓기 위해 따뜻한 도움을 경험하도록 했다.

하지만 보통 아이들에게는 호기심 충족 행동에 규칙을 정하는 것이 좋다. 예를 들어 남의 물건을 만지고 싶을 때는 허락을 구하고 그 물건을 제자리에 놓아야 한다는 규칙 같은 것 말이다.

이런 규칙을 잘 지키도록 하기 위해서는 먼저 '엄마는 내 호기심 충족을 도와주는 사람' '내가 실수를 해도 엄마는 나를 도와주는 사람'이라는 엄마와 아이의 신뢰관계가 형성되어 있어야 한다.

그러한 신뢰관계를 형성하기 위해서는 엄마가 아이를 감성의 눈으로 바라보아야 한다. 그래야 '하지 말라고 하는 행동을 하는 아이' '물건을 부서뜨리는 아이' '말을 안 듣는 아이'가 아니라 '호기심이 많은 아이' '새로운 물건을 만져보고 싶어 하는 아이'로 비춰져 아이의 마음이 읽히고 도울 수 있다. 이러한 긍정 상태가 반복되면 아이는 엄마에게 신뢰를 쌓고 안정된 모습을 보인다.

'감성의 눈'으로 아이를 바라보는 연습을 매일매일 하자. 나는 이 글을 쓰면서 나와 달라 어려운 둘째아이를 감성의 눈으로 바라보았다.

'엄마를 너무나 사랑하는 아이' '재미있고 즐거운 것을 찾아 하는 아이' '가슴이 참 따뜻한 아이'… 그래서 '엄마 옆이 좋은 아이' '버스 타고 다닐 줄 모르는 친구 데리러 버스 타고 갔다 왔다 하는 아이' 등.

감성의 눈으로 보지 않으면 가슴이 답답하고 잔소리하고 싶지만 달리 보니 참으로 멋진 아이구나…, 생각한다.

애칭 만들어 부르기

감성의 눈은 아이의 약점을 강점화해서 보는 시각을 말합니다. 공순법에서는 감성의 눈으로 아이를 바라보면 좋습니다.

에너지가 넘치고 잠시도 가만히 있지 않는 아이가 있다면 그 아이를 부산스럽고 산만한 아이가 아니라 '에너지가 가득한 아이' '호기심이 왕성한 아이' '유쾌하고 활기찬 아이'로 바라보면 좋겠습니다. 간혹 감성의 눈으로 보기에 너무 지나친 아이가 있다면 검사를 통해 확인해보아야 합니다. 하지만 대부분의 아이는 엄마가 감성의 눈으로 바라봐주고 긍정적으로 인식하면서 조금만 더 부드럽고 따뜻한 말(따뜻한 마음씨가 담긴 말투)로 대화를 시도하면 전혀 문제 아이처럼 행동하지 않는 것을 볼 수 있습니다.

아이를 감성의 눈으로 조금만 관찰하면 어떠한 이유로 그런 모습을 보이는지 알게 되기도 하지요. 기질이나 성격적인 이유가 있기도 하고 잘못된 습관으로 인한 문제이기도 합니다. 때로는 심리적인 요인이 만든 행동일 수도 있고요.

아이에게 자신의 애칭을 만들게 하면 스스로를 어떻게 인지하는지 알 수 있습니다. 또 엄마가 애칭을 만들어주는 경우 아이는 그 애칭으로 행동이 바뀔 수도 있습니다.

아이에게 멋진 애칭을 만들어주면 어떨까요? 단, 주의할 것이 있습니다. 아이가 부담을 느끼거나 너무 큰 변화를 요하는 애칭은 아닌가를 꼭 점검해야 합니다.

간혹 아이들 워크숍을 진행하다가 잠시도 가만히 있지 않는 아이를 만나기도 합니다. 한 번은 스스로 '말썽꾸러기'라는 애칭을 쓴 아이가 있었습니다. 어른들이 이 아이를 말썽꾸러기라고 칭하도록 만들었구나… 하는 생각에 마음이 짠했습니다. 말썽꾸러기라는 애칭이 더 문제를 일으키게 만든다는 사실을 아이 주변의 어른들은 알까요?

또 한 아이는 '착한'이라는 애칭을 사용하며 착하게 행동하는 것에 매여 자기주장도 잘 펼치지 못하는 경우도 보았습니다.

이러한 애칭을 권합니다.

'사랑스러운 심미경'

'한 번 더 생각하는 심미경'.

'아름답게 빛나는 심미경'

'꽃처럼 향기로운 심미경'

'웃는 모습이 예쁜 심미경'

'가슴이 따뜻한 심미경'
'인사 잘하는 심미경'
'책을 좋아하는 심미경'
'글을 잘 쓰는 심미경'
'말이 예쁜 심미경' 등등

미루지 말고 지금 당장 우리 아이의 애칭을 만들어주면 좋겠습니다.
그러면 금세 다르게 행동하는 아이를 만날 수 있을 겁니다.

감정을 인정해줄 때 아이는 달라진다

아이의 기분과 감정을 인정하는 것은
아이가 스스로 바른 생각을 하도록 돕는 것이다.

"아아아, 아니, 가져갈 거야. 내 꺼야."

아이가 떼를 쓴다. 남의 장난감을 가져가겠다고 떼를 쓰니 참 난감하고 답답한 노릇이다. 엄마는 아이 손에 있는 장난감을 빼앗아 있던 자리에 가져다놓으려 한다.

"아니, 안 돼. 네 것 아니잖아. 너 자꾸 이러면 혼난다!"

아이는 울며불며 엄마의 팔에 매달려 버티기를 한다. 그럴 때 엄마는 속상하기도 하고 화가 나기도 한다.

"얘가 왜 이래? 왜 안 하던 짓을 하고 그래?"

타인의 시선이 신경 쓰이는 엄마는 이렇게 말하는데 눈 가리고 아웅이다. 늘 하던 짓인지 안 하던 짓인지 다 보이니 말이다.

아이가 떼를 쓰는 순간에 엄마와 아이의 반응을 보면 평소 엄마와 아이의 관계가 드러난다.

지아의 얼굴은 뽀얗고 토실토실하다. 얇은 쌍꺼풀에 동그란 눈이 반짝반짝 빛나는 다섯 살 여자아이다. 한 번 떼쓰기 시작하면 원하는 것을 손에 넣어야 멈춘다. 엄마는 그런 지아의 떼쓰기에 달래도 보고 혼내도 보지만 어떤 방법도 통하지 않는다고 한다. 결국 원하는 것을 손에 쥐어주고 만다며 아이 고집이 너무 세서 어찌할 도리가 없다고 한다.

지아는 고집이 센 아이일까? 지아 엄마는 왜 매번 지아의 떼쓰기에 원하는 것을 주고 마는 것일까?

지아 엄마는 육아책을 많이 읽었다. 육아서에는 아이의 이야기를 듣고 의사를 존중해야 한다는 내용이 많아 되도록 아이 의견을 존중하려다 보니 고집 센 떼쟁이로 만들어버린 것이다.

어느 날 지아 엄마는 유치원 선생님의 전화를 받았다.

"지아가 교구 활동 시간에 친구가 가지고 노는 교구를 빼앗아 자기 것이라고 소리를 지르며 친구를 밀쳤어요. 친구가 넘어지면서 교구장에 머리가 부딪쳐 혹이 났는데 사과도 하지 않고 계속 교구가 자신의 것이라고 하면서 떼쓰기만 했어요. 제가 교구를 달라고 해도 주지 않고 지아 거라고만 반복하더라고요. 어머니, 지아는 한번 떼쓰기 시작하면 설명도 다독임도 통하지 않아요. 조심스러운 말씀이지만 상담을 받아보는 것이 어떨까요? 지아를 위해 상담이 필요할 듯해요."

엄마의 말투

그렇게 권유를 받고 소개로 연락을 해왔다.

엄마와 상담하고 아이의 상태를 파악하기 위한 검사를 했다.

지아는 다섯 살 다른 또래보다 생각하는 힘이 있고 밝은 아이였다. 떼쓰는 모습이 어울리지 않을 정도로 언어 소통이 잘되었다. 고집 센 떼쟁이라는 게 거짓말인 것처럼 말이다.

검사 결과를 이야기하며 평소 아이와의 관계를 알아보기 위해 엄마와 상담하는 중 밖에서 지아의 떼쓰는 소리가 들려왔다.

"지아 거라고! 안 줄 거야. 내가 가지고 갈 거야."

아빠는 지아 손에서 인형을 빼앗으며 말했다.

"지아 거 아니잖아. 또 시작이네! 아빠가 밖에 가서 사줄게."

지아는 아빠 손에 있는 인형을 다시 빼앗아 꼭 안으며 말했다.

"아니잖아. 아빠, 거짓말쟁이. 이거 내 거야."

지아 엄마는 지아 아빠가 매번 떼쓰는 지아를 달래기 위해 밖에 나가면 사준다고 말했고 실제로 사주기도 하고 아이가 기억을 못하는 것 같을 때에는 그냥 넘어가기도 했다고 말했다. 그러고 지아가 저렇게 떼쓰며 고집 부리기 시작하면 저 인형을 품에 안고 집에 갈 때까지 그런다며 속상해했다.

나는 지아에게 다가가 말했다.

"지아야, 너 이 인형 갖고 싶니?"

"응."

"아, 지아는 이 인형이 갖고 싶구나…. 지아야, 이 인형이 마음에 들어?"

"응."

"인형 어디가 마음에 들어?"

"인형 예뻐. 눈도 예쁘고 치마도 예뻐."

"인형 눈도 예쁘고 치마도 예쁘구나…. 그런데 지아야, 이 인형 어디서 가지고 왔어?"

"몰라. 지아 거야."

"지아는 이 인형이 지아 것이었으면 좋겠구나?"

"응."

"그래, 인형이 너무 예뻐서 지아가 갖고 싶을 수 있어, 그지?"

"응."

"지아야, 이 인형 가지고 놀고 싶지?"

"응."

"그래, 지아 여기에서만 인형 많이 가지고 놀다가 집에 갈 때는 인형집에 보내주고 다음에 또 와서 가지고 노는 거 어때?"

"아니, 지아 거야. 지아가 가지고 갈 거야."

"지아야, 지금은 마음껏 가지고 놀아. 우리 집에 갈 때 다시 이야기해보자."

"아니야, 지아 거야. 아앙…."

결국 지아는 울기 시작했고 정말 막무가내였다. 지아는 어른들이 어떻게 대응할지 다 아는 것 같았다.

엄마가 달래보려고 다가오려고 했다.

손으로 멈추라는 신호를 주고는 지아에게 차분한 목소리로 말했다. 고집불통 떼쟁이처럼 막무가내이지만 말을 잘하고 소통이 잘되는 아이임을 알기 때문에 그렇게 했다.

"지아야, 이 인형은 주인이 있어. 허락 없이 가지고 갈 수 없어. 이렇게 울어도 절대 가지고 갈 수 없어. 지아는 인형이 갖고 싶어서 속상하겠지만 인형은 가지고 갈 수 없어. 가지고 놀다가 인형이 있던 자리에 가져다놓아야 집에 갈 수 있어. 지아 속상하면 마음껏 울어도 괜찮아. 선생님은 엄마하고 이야기하고 있을게. 지아 괜찮아지면 엄마랑 선생님이 있는 곳으로 오렴."

이렇게 말하고는 더 크게 우는 지아의 곁에서 조금 떨어져 상담을 진행했다. 지아는 크게 울었다가 소리도 질렀다가 해도 반응이 없으니 인형을 꼭 안고 의자에 앉았다. 지아의 낯선 행동에 엄마와 아빠는 신기해하면서도 나갈 때 또다시 떼를 쓸 거라는 말을 했다.

아니나 다를까, 상담을 끝내고 집으로 가려는데 지아의 떼쓰기가 처음보다 더 심해졌다.

"어이구 속상해. 지아는 인형이 갖고 싶은데 가지고 갈 수 없어서 속상하지? 지아야, 알잖아. 이 인형 지아 거 아니잖아. 지아 인형 어떻게 해야 하는지 알지?"

"아앙, 지아 거야…."

"지아야, 울어도 절대 가지고 갈 수 없어. 기다릴게. 지아가 원래 자리에 가져다두고 오세요."

이번에도 이렇게 말하고 아무 반응을 하지 않고 어른들끼리 이야기를 나눴다. 그사이 지아는 인형을 책상 위에 두고 울면서 엄마 곁으로 왔다. 엄마는 지아의 모습이 너무 안쓰럽고 속상해서 같이 눈물이 그렁그렁했다.

"어머니, 지금 기분이 어떠세요?"

"속상해요. 지아가 안쓰럽고 저 인형이 뭐라고…."

아이가 남의 물건을 자기 것이라고 떼쓰며 울다가 스스로 자기 것이 아님을 알기에 내려놓고 왔는데 그 모습이 안쓰럽고 속상한 건 엄마의 마음이다. 내 아이가 웃는 것이 좋지 우는 것이 좋을 엄마가 어디 있을까.

"어머니, 지금같이 스스로 내려놓는 과정을 겪는 것이 힘드시겠지만 몇 번 반복하셔야 해요. 아이의 마음을 읽어주고 인정은 하되 떼쓰는 순간에 어떤 요구사항도 들어줄 수 없음을 알려줘야 해요. 일관성 있게 꼭 지켜야 하고요. 아마도 지아는 몇 번만 반복해도 금세 괜찮아질 거예요."

그러고는 지아를 돌아보고 말했다.

"지아야, 잘했어. 너무 잘했어. 인형이 갖고 싶은데도 잘 참고 지아 스스로 인형을 두고 왔어. 너무 멋져, 지아야. 인형은 가지고 갈 수 없지만 선생님이 준비해둔 막대사탕을 지아에게 선물로 주려고 하는데 어때? 막대사탕 하나 고르러 갈까?"

지아는 신나게 막대사탕을 하나 들고 시키지도 않았는데 책상 위에 뒀던 인형을 원래 자리로 돌려놓고 스스로 신발까지 신었다.

지아 이야기가 모든 아이에게 적용되는 것은 아니다. 하지만 아이의 마음을 읽고 그 마음을 인정하면서 스스로 떼쓰기를 멈출 때까지 기다리면 떼쓰는 모습은 서서히 줄어든다. 말이 통할 것 같지 않은 아이도 인정의 공을 들이면 좋아질 수밖에 없다.

잘못된 습관을 바로잡아 주어야 할 때에도 아이 감정 인정하기는 꼭 해주어야 한다. 가장 중요한 것이 감정 인정해주기다. 그것이 아이가 스스로 바른 생각을 하게 만든다.

인정과 훈육 구분하기

간혹 인정과 존중이 과하거나 바르게 실천하지 못하는 엄마들을 만납
니다. 아이를 인정하고 존중한다며 올바르지 않은 행동까지 그대로 두
다가 좋지 못한 습관이 생겨 바로잡기가 어려울 수가 있지요. 가르쳐
야 할 것과 인정해야 할 것은 구분해야 합니다.

예를 들어 아이가 화가 나거나 마음대로 되지 않는다고 들고 있던 물
건을 쾅하고 놓는다든지 던지는 경우가 있는데, 이럴 때 아이의 감정
을 인정하고 존중하기만 하면 자신의 행동이 잘못되었고 어떻게 해야
하는지 배울 기회가 없어집니다.

공감순환대화법(공순법)의 진행대로 화가 나는 감정은 인정한 후 아이
마음과 엄마 마음은 어떠한지 인지하고 그 인지한 내용을 질문을 통해
전달해주어야 합니다. 이런 방법으로 해보세요.

"지아야, 지아 화났어? 속상한 거야?" (인정을 위한 질문)

"지아야, 지아가 왜 화가 났는지 이야기해줄 수 있어?" (엄마는 아이에
게 관심을 가지고 있고 아이가 화가 난 이유가 궁금하다는 마음을 따뜻한 말
투로 전하는 전달)

"지아야, 왜 화가 났는지 엄마가 알면 지아를 도울 수 있을 것 같아."
(아이가 왜 화가 났는지 관심을 가지고 있으며 돕고 싶다는 엄마 마음 전달)

"아… 그랬구나. 우리 지아가 화가 나서 장난감을 던진 거구나." (인정,
여기서 인정은 행동이 아니라 화가 난 마음에 대한 인정)

"지아가 화가 나는 마음을 표현할 방법이 없었나 보다. 속상했겠어,
우리 지아." (인정)

"지아야, 이리 와봐. 엄마랑 같이 장난감이 부서졌나 보자. 지아도 순
간 화가 나서 던졌지만 장난감이 걱정될 것 같은데?" (전달)

"지아가 화난다고 물건을 던져서 엄마는 깜짝 놀랐어. 그렇게 하면 지
아를 도와줄 수가 없어. 앞으로 화가 날 때 어떻게 하면 좋을까?" (전
달과 인지를 위한 질문)

"엄마는 앞으로 화가 나면 '엄마 지금 화가 나, 기분이 별로 안 좋아'
하고 지아에게 이야기해줄게." (전달)

"엄마는 지아야, 지아도 화가 날 때 물건을 던지는 것 말고 다른 방법
으로 화가 났다는 것을 엄마에게 알려주었으면 좋겠어. 어떤 방법이
있을까?" (전달과 질문)

아이의 감정은 뒤로하고 잘못된 행동을 지적하고 가르치기부터 하려

들면 아이는 스스로 감정을 조절하는 힘이 약해지고 마음에 분노(억울한 감정)만 쌓일지 모릅니다. 순간적인 상황에 엄마가 당황스러울 수도 있지만 먼저 감정을 다스리는 모습으로 본을 보여주세요. 아이들의 행동은 엄마나 어른들의 모습을 뼝튀기한 것일 가능성이 많습니다. 아이의 마음을 충분히 읽어 인정하고 꼭 바로잡는 전달의 과정을 실행하면 아이는 건강하게 표현하는 방법을 배우게 됩니다.

엄마는 아이가 귀여워서, 귀해서 또는 귀찮아서, 우는 것이 속상해서, 시끄러워서라는 이유로 아이들의 나쁜 습관을 강화시키기도 합니다. 그 나쁜 습관을 고쳐보려 노력하다가 실패하는 경우도 마찬가지로 더 떼쓰고 고집 부리도록 나쁜 습관을 강화시킵니다. 아이들이 떼쓰고 고집 부리는 데에는 여러 가지 이유가 있습니다. 그것을 잘 알아차리는 '인지'가 되어야 아이의 나쁜 습관을 바로잡을 수 있습니다.

또 아이 상태에 대한 '인지'와 더불어 엄마의 마음이나 욕구에 대한 '인지'도 되어야 합니다. 아이가 울며 떼쓰는 순간 엄마는 아이의 마음에 집중해야 하지만 주변 상황이나 남들 시선이 신경 쓰여 아이의 마음을 생각할 겨를이 없는 것은 아닌지, 엄마가 속상하고 힘든 이유는 무엇인지 등 엄마의 상태가 인지되어야 아이에게 엄마의 언어를 따뜻한 말투로 잘 전달할 수 있습니다.

엄마는 세상에서
누가 제일 사랑스러워?

아이들 작품은 시작도 과정도 완성의 결과도 아이 몫이다.
어른들은 어떤 평가도 판단도 하지 말아야 한다.

"엄마, 엄마는 세상에서 누가 가장 사랑스러워?"

여섯 살 아이가 이렇게 질문한다면 뭐라고 대답해줘야 할까?

"나!"

"어? 나는 엄만데 엄마는 왜 엄마야?"

억울할 만도 하다. 여섯 살 아이는 엄마를 제일 사랑하는데 엄마는
아이를 가장 사랑한다고 하지 않으니 억울할 수밖에….

"영재야, 엄마는 영재를 많이 사랑해. 그런데 자기 자신을 사랑할
줄 모르는 사람은 다른 사람을 사랑할 줄 모르는 거야. 그래서 엄마
가 엄마를 가장 사랑하고 그다음 영재를 사랑하는 거야."

"응, 그럼 엄마가 나한테 세상에서 가장 사랑하는 사람이 누구냐고
물어봐."

"영재야, 영재는 세상에서 누구를 제일 사랑해?"

"으응… 나! 그리고 엄마."

나는 가르쳐주고 싶었다, 자신을 사랑해야 한다는 것을. 아이가 자신의 욕구를 채우기 위해 사랑한다는 말을 듣고 싶어 하는구나, 알아차리고 그 욕구를 채워주어야 했는데 나는 알면서도 가르치고 싶은 내 욕구부터 채웠다. 지금 다시 똑같은 대화를 할 수 있다면 이렇게 말하고 싶다.

"영재야, 영재는 엄마가 누구를 제일 사랑했으면 좋겠어?"

"영재야, 비밀인데 엄마는 영재를 아주 많이 사랑하고 정말정말 사랑하고 진짜진짜 사랑해. 그런데 자기 자신을 사랑할 줄 모르는 사람은 다른 누구도 사랑할 수 없어. 그래서 엄마는 제일로 사랑하는 사람이 영재와 엄마야."

아이의 말에는 겉으로 드러나는 것 외에 마음의 언어가 숨어 있다. 그것이 아이의 욕구인데 그 욕구를 알아차리고 인정해야 한다. 엄마가 아이의 마음의 언어, 즉 욕구를 알아차리고 인정해야 아이는 안정적으로 성장한다.

운영하는 센터에서 창의미술 활동을 하고 나면 엄마들이 밖에서 기다리다가 교실로 들어온다. 아이들이 표현한 내용에 대해 짧게 이야기를 하는데 아이의 마음을 듣기도 전에 엄마 마음의 이야기를 거침없이 하는 경우가 종종 있다.

"어! 색칠을 덜했네요."

"글씨가 틀렸잖아."

"얘는 미술에 소질이 없나 봐요."

"쟤는 그림을 참 잘 그리네요."

이렇듯 말로 하는 경우도 있고 말없이 표정으로 표현하기도 한다.

엄마 옆에 서 있던 아이는 한껏 자랑하고 싶었는데 엄마의 반응에 토라진 듯 밖으로 나가버린다. 엄마의 반응에 민감한 아이들 중에는 엄마가 작품을 못 보도록 철통방어를 하는 경우도 있다.

때로 말을 해도 될 듯한 부모에게는 아이의 작품을 마주했을 때 어떻게 반응해야 하는지 알려주기도 한다.

"어머니, 절대 평가도 비교도 하지 않기로 해요. 그저 아이가 표현한 마음과 결과를 인정만 하기로 해요. 다른 아이 작품은 보지 말고 내 아이에게만 관심을 가져주세요. 다른 아이 작품이 궁금하면 나가시면서 슬쩍만 보면 좋겠어요. 어머니 아이의 마음을 위해서요."

아이들 작품은 시작도 과정도 완성의 결과도 아이 몫이다. 어른들이 어떤 평가도 판단도 하지 않아야 한다.

보통 학교 교실 뒤 게시판에 그림을 붙여놓으면 엄마들이 가장 많이 하는 행동이 내 아이의 작품을 찾고 아는 다른 아이의 작품을 찾은 후 다른 작품들도 둘러보며 잘했다 못했다 평가하고 비교하는 것이다. 그러곤 자신의 아이 작품이 마음에 들지 않으면 미술학원을 알아보거나 이미 다니고 있으면 그 학원에 연락해 아이가 잘하는지 확인한다.

학원에서는 으레 시기적으로 전화벨만 울려도 왜 전화를 했는지 감을 잡는다. 이러니 창의적으로 사고하고 감성 가득한 표현력이 증진되어야 할 미술교육의 장이 기계적이고 사업적으로만 운영될 수밖에 없다.

아이들은 느끼고 경험하고 아는 것들을 생각하고 상상한 것들을 규제 없이 자유롭게 표현해야 한다. 어떤 비교와 평가 없이 마음껏 미술 활동을 할 자유를 주어야 한다. 그 안에서 몰입하고 재미를 찾아야 교육계에서 주목하는 융합과 창의적 역량이 성장한다.

미술은 교육 이전에 소통이 되어야 한다. 선생님과 아이, 엄마와 아이 간에 소통이 잘되어야 아이가 예술적 능력을 발휘한다. 먼저 아이가 그림으로 말로 느낌으로 표현한 언어를 잘 경청하고 인정해야 한다. 가장 중요한 것은 아이의 욕구 인정이다.

미술뿐 아니라 아이의 언어에는 마음의 언어(욕구)가 숨어 있다.

대부분의 엄마는 엄마라는 이름을 부여 받으며 마음의 언어(욕구)를 알아차리는 초능력을 함께 받았다. 그 능력을 사용하기 위해서는

'관심'이라는 노력이 더해져야 한다.

좋은 엄마가 되고 싶은가?

엄마 마음의 언어는 잠시 내려놓고 아이들의 언어를 관심 있게 경청하고 아이를 그대로 인정해야 정말 좋은 엄마가 될 가능성이 높다.

오늘부터 당장 우리 아이 인정하기를 실천해보면 좋겠다.

"너는 (아이 나이)살이지. 그래 그만하면 참 잘하고 있어."

"너의 감정은 너로서는 당연한 거야. 그럴 수 있어."

"놀고 싶었구나."

"자유롭게 마음대로 하고 싶은 거구나."

"한번 해보고 싶었구나. 그랬구나."

"엄마가 그렇게 해주길 원하는 거였구나."

"잘할 줄 아는 거였네. 스스로 하다니 정말 훌륭하다."

"우와, 멋지다. 넌 참 지혜로운걸."

"웃는 모습이 너무나 사랑스럽구나."

"네가 내 (딸, 아들)이어서 엄마는 너무 좋아."

"너는 신이 엄마에게 주신 최고의 선물이다."

주고 싶은 사랑과
받고 싶은 사랑

사람은 독특한 자기만의 기질을 가지고 태어난다.
살면서 각자의 기질에 맞는 사랑이 채워져야만 한다.

"너는 새가 빠지게(혀가 빠지도록 힘들게) 키워놨더니 왜 그 모양이냐?"

"아니, 누가 낳아달라고 했어? 이럴 거면 왜 낳았어."

"야! 입히고 먹이고 따숩게 재워 키워놨더니 이제 와 왜 낳았냐고?"

"언제 사랑하기나 했어? 낳기만 했지 해준 게 없잖아."

"이런 불효막심한 놈, 고마운 것도 미안한 것도 모르냐?"

속이 터진다. 먹고 싶은 것도 안 먹고 갖고 싶은 것도 안 사고 하고 싶은 것도 안 하고 힘들게 낳아 키웠는데 한다는 소리가 왜 낳았냐니, 해준 게 없다니…. 억장이 무너지는 소리다.

사춘기에 접어드는 아이가 자신의 답답함을 이렇게 표현하는데,

엄마의 말투

엄마들도 그 시절 다 겪고 지나와 무슨 말인지 이해는 된다. 그래도 애써 나를 내려놓고 몸 투자 시간 투자 돈 투자를 해가며 키워가는 중에 해준 게 뭐 있냐는 말을 들으면 울화통이 치민다.

좋은 것 입히고 먹이고 엄마가 걸어온 자갈밭 길 말고 탄탄히 깔린 아스팔트 길 위를 곱게 걸어가기를 바라는 마음에 이것저것 가르치고 통제하며 키웠다. 그 마음을 조금도 알아주지 않는 아이가 그렇게 서운할 수가 없다. 이런 답답한 순간에 놓인 이유가 뭘까? 왜 내 아이는 고마움을 모르고 미안함이 없을까?

초등 고학년만 되어도 엄마와 아이 사이에 이러한 문제로 옥신각신하다 상담센터를 찾는 경우가 비일비재하다. 엄마는 아이를 모르고 자신이 무엇이 문제인지도 모르니 어디에서부터 뭐가 잘못되었는지를 알 길이 없다.

그런데도 많은 엄마들이 큰 목소리로 하는 말이 있다.

"내 아이는 내가 다 알아요."

어찌 잘 아는 아이가 어떤 사랑을 원하는지도 모르고 주고 싶은 사랑만 듬뿍 주다 아무것도 해준 거 없다는 소리를 들을까. 깊은 관심으로 아이를 키우지만 아이가 원하는 것을 들어본 적도 없고 물어본 적도 없다. 평생을 살면서 자기 자신도 잘 모르는데 어찌 키웠다고 자식을 다 알까.

사람은 독특한 자기만의 기질을 가지고 태어난다. 스스로 선택할 수도, 바꿀 수도 없는 자기만의 특성이 있기에 그것에 맞는 사랑이 채워져야 만족하고 안정된다. 아이의 기질을 알고 그에 맞게 사랑해준다면 얼마나 좋을까만 그러기가 쉽지 않다. 시간과 비용을 들여서라도 검사를 해 정확한 결과를 알면 좋으련만 명확한 결과를 얻을 방법이 흔하지 않으니 답답하기만 하다.

어떻게 해서든 방법을 찾아보려고 강의를 들어보면 강사들마다 조금씩 다른 이야기를 하고 책을 찾아 읽어도 가슴이 뻥 뚫리는 시원함이 없다. 다른 집에서는 아이를 어찌 키우나 둘러보니 아이의 의사를 존중해야 한다고 말하는 집에서는 아이가 제멋대로에 엄마가 질질 끌려 다니고, 권위 있고 단호한 훈육이 필요하다는 엄마네 집 아이는 한없이 수동적이다. 어딜 둘러봐도 나중에 해준 게 뭐가 있냐는 소리는 똑같이 듣게 생겼다.

아이의 기질과 성향이 달라도 이 아이 저 아이 다르지 않게 똑같이 적용 가능한 솔루션이 한 가지 있다.

공순법!

공순법은 내가 상담을 할 때 주로 사용하는 방법이지만 육아에 적용했을 때 각각의 기질과 성격을 막론하고 모두에게 긍정적인 효과를 내는 방법이기도 하다. 어떤 엄마는 아이의 울음에 공순법을 적용해 소통해보려는 나의 시도에 이렇게 말했다.

"교과서적인 그 방법이 통할 것 같아요? 에이… 택도 없어요. 됐어요. 그냥 둬요. 안 돼요, 안 돼."

안 되기는, 된다.

많은 가정에 변화를 일으켜 가정의 분위기를 좋게 만든 방법이 공순법이다. 세 살짜리 아이에게도 다섯 살짜리 아이에게도 중·고등학생에게도 적용해 긍정적 변화와 효과를 본 방법이다.

대학 입시를 앞두고 공부하는 아이와 신경전을 벌이다가 결국 아이가 학교를 그만두겠다는 선포를 해 함께 상담센터에 온 사례다.

"엄마가 나를 위해서 그렇게 한다고 말하는데요, 그건 나를 위하는 게 아니고 엄마 자신을 위하는 거예요. 엄마는 엄마 방식이 있고 나는 내 방식이 있잖아요. 내 방식은 물어보지도 않고 엄마 방식만 고집 부리는데 그게 어떻게 나를 위하는 거예요."

"그렇지, 너는 네 방식이 있고 엄마가 말하는 건 엄마 방식이지. 그게 너를 위하는 게 아니고 엄마를 위하는 것이라는 느낌을 받을 수 있지, 맞지."

"엄마는 내가 아직도 어린 아이인 줄 알아요. 어릴 때는 어쩔 수 없으니까 엄마가 시키는 대로 했지만 이제는 아니거든요. 어릴 때 엄마는 나를 사랑한다면서 내가 원하는 거는 하나도 안 사주고 내가 하는 말도 안 들어줬어요. 나는 엄마하고 얘기하면서 맛있는 것도 먹고 싶었는데 엄마는 맨날 돈만 주면서 사먹으라 하고 얘기 좀 할라 하면 잔소리만 했어요. 그래놓고 다해줬다고 하는데 엄마면 자식을 사랑해야지 돈을 주면 그게 어떻게 사랑하는 거예요."

"아… 너는 엄마랑 맛있는 것도 먹고 얘기하고 싶었구나."

"네. 엄마는 사랑하니까 돈도 주고 챙기지 안 사랑하는데 어떻게 그러냐면서 원래 애들은 돈 주면 먹고 싶은 거 마음대로 사먹고 자유롭게 행동하는 것을 제일 좋아한다면서 그렇게 하는데 저는 아니거든요. 제 의견은 물어보지도 않고 엄마 마음대로만 해요."

"엄마가 네 의사를 물어봐 줬으면 좋겠는데 물어보지도 않고 마음대로 하니까 속상한 거구나?"

"그렇죠. 이번에 시험공부도 혼자 집에서 하는 것보다 독서실 가서 마음 맞는 친구하고 모르는 것도 물어보고 같이하고 싶었어요. 그런데 엄마는 독서실 가면 공부 더 못한다고 집에서 하라는 거예요. 친구랑 같이하는 게 더 잘된다고 했는데 들은 척도 안 하더라고요. 그래서 그냥 아무것도 안 한다고 해서 여기에 온 거예요."

"그럼 너 학교 그만둔다고 한 게 화가 나서 그냥 한 말이니?"

"네. 그렇게라도 안 하면 끝까지 엄마는 내 말을 안 들어줄 것 같아서요."

"그럼 너는 학교를 그만둘 생각이 없는 거니?"

"네. 이제껏 학교 다니면서 고생 다하고 이제 끝나가는데 왜 그만둬요."

"어쩐지. 학교를 그만둔다고 하는 고등학생이 순순히 상담 받으러 와서 신기했는데 다른 이유가 있었구나. 뭐니? 내 도움이 필요해 보이는데 어떻게 도와줄까?"

"아! 뭐라고 말해야 할지 잘 모르겠는데요. 그냥 내 인생이니까 이제 엄마가 나를 믿고 내가 하는 대로 맡겨줬으면 좋겠어요. 내 인생인데 내가 망치게 하겠어요?"

"그렇지. 네 인생인데 스스로 망가지게 하지 않겠지. 너는 엄마가 너를 믿어주길 바라는 거구나. 엄마가 너를 믿지 않는다고 생각하는 거니?"

"네. 엄마는 나를 위한다고 말하는데 위하는 게 아니고 못 믿어서 그러는 거 같아요."

"그래, 그럼 선생님이 엄마랑 상담을 할 건데 네가 이야기한 것들을 다 얘기해도 괜찮겠어?"

"아니요. 학교 안 그만둔다는 거는 말 안 했으면 좋겠어요."

"알겠어. 너 참 멋지다. 이렇게 말을 잘하는데 이상하게 엄마랑은 이렇게 대화가 안 되지?"

동엽이가 씨익 웃었다.

"네. 엄마랑은 이야기하면 답답해요. 엄마가 하고 싶은 말만 하거든요. 들어줄 줄을 몰라요."

"그래, 엄마들이 좀 다 그렇더라. 나도 엄만데 내 아이한테만큼은 그게 쉽지 않더라고."

사랑한다며 모든 걸 마음대로 하는 것이 사랑이 아니라 엄마 자신을 위한 것이라는 아이의 말이 귓전에 맴돌았다. 맞다. 내가 사랑이라고 주는 것을 받는 입장에서 사랑이라 받지 않으면 사랑이 아니다. 많은 엄마와 아이 사이에 일어나는 일이다.

의사 한 번 물어보지 않고 마음대로 하는 것이 섭섭했다는 아이의 말처럼 기질과 성격을 막론하고 직접 무엇을 원하는지 어떻게 하기를 원하는지 물어보아야 한다. 어리면 어려서 모른다고, 커도 경험이 부족해 모른다고 하면서 먼저 경험해봐서 아는 엄마 말을 들으라고 하는 엄마들의 욕심, 그것이 사랑이라고 우겨서 될 일은 아니다.

초등학교 1학년 다혜는 입양 제도를 통해 엄마를 만났다. 다혜 엄마는 아들을 낳고 남편과 상의 후 입양을 계획했다. 큰아이를 키우면서도 욕심 내지 않고 아이에게 최대한 맞추고 기다렸고 둘째 다혜도 그렇게 키우는 것이 아이를 가장 행복하게 하는 것이라며 의견을 항상 물어보고 다혜의 이야기를 끝까지 들어주었다.

다혜 엄마는 공순법을 알기도 전에 공순법을 실천하며 아이를 키웠다. 방학 직전에 다혜는 엄마에게 질문을 했다.

"엄마, 방학은 왜 있는 거야?"

"방학? 글쎄 방학이 왜 있을까? 학교에서 수업하다가 쉬는 시간이 있는 것처럼 그렇게 쉬어가라는 게 방학 아닐까? 엄마는 그렇게 생각하는데 너는 어떻게 생각해?"

"엄마, 방학은 쉬라고 있는 거야."

"그래, 너랑 엄마랑 같은 생각인 것 같네."

"그러니까 나 학원 다 끊어줘."

다혜 엄마는 순간 당황해 아무 말도 할 수 없었다고 한다.

"음… 다혜야, 갑작스러운 이야기라 엄마가 생각할 시간이 필요한데. 너 그러면 학원을 안 가고 방학 동안 뭐할 계획이야?"

"쉬어야지. 방학이니까. 방학은 쉬는 거니까."

"그럼 학원은 이제 안 갈 거야?"

"아니, 방학 끝나면 다시 가지."

"아… 너 방학 동안만 쉬고 싶은 거구나. 그래, 그럼 학원은 쉬는데 엄마는 아무리 방학이라도 그냥 쉬지만 않았으면 좋겠는데. 쉴 때도 계획이나 규칙은 필요하지 않을까?"

"학교에서 방학계획표 만들어 왔어."

"그래, 알았어."

다혜 엄마는 다혜하고 이야기하면 말문이 막혀 더 길게 말을 할 수 없다고 한다.

"큰아이는 다혜만큼 똑 부러지게 이야기하지는 않았는데 다혜는 내 딸이지만 참 대단한 아이인 것 같아요."

"어머니, 저는 어머니가 더 대단하신 것 같아요. 초등학교 1학년 아이가 학원을 끊어달라고 하고 방학 끝나면 다시 다닌다고 하는 말을 믿어주고 방학 계획을 세웠다고 잘 지킬 거라는 믿음을 갖고 계신 어머님이 정말 대단하신 거예요."

"아니에요, 선생님. 저는 다혜가 행복하게 자랐으면 좋겠어요. 지금부터 스스로 책임질 줄 알아야 커서도 자기가 주도하는 삶을 살고 그래야 행복하잖아요. 저희 아버지는 항상 저한테 의견을 물어보고 저를 믿어주셨어요. 덕분에 너무 자유롭고 행복했어요."

대물림의 본을 본 듯했다. 부모가 자녀를 사랑한다는 것은 부모의 욕심대로 자녀가 따르게 하는 것이 아니라 자녀를 존중하고 질문을 통해 의견을 묻고 그 마음을 믿는 것, 그리고 스스로의 선택에 책임을 지게 하는 것이다.

동엽이는 결국 친구와 독서실에서 신나게 공부했고 자신이 가장 가고 싶어 하던 학교는 아니지만 대학교에 다니며 잘 지낸다고 했다. 동엽이 엄마는 욕심내다가 멀쩡한 애 잡을 뻔했다며 저렇게 잘 할 줄 알았으면 진작 해달라는 대로 해줄 걸 그랬다며 선생님 덕분에 동엽이 마음을 알게 되어서 감사하다는 인사를 건넸다.

동엽이가 나에게 구구절절 마음을 이야기했던 것처럼 모든 아이들이 엄마에게 자기 마음의 이야기를 구구절절 늘어놓으면 좋겠다. 그러기 위해 엄마들은 아이들을 온전히 인정해야 한다.

인정은 변화와
성장의 원동력이다

사람과 사람이 마주하는 사이에는 두 개의 창이 있다.
네가 가진 창과 내가 가진 창. 그 창에 상대와의 경험과 정보를 각자 방식대로
기록해두고 항상 그 기록을 통해 상대와 마주한다.

"애들아, 오늘은 올해 꼭 이루고 싶은 꿈 다섯 가지만 적어보자. 그 꿈이 이루어지든 안 이루어지든 상관없이 자유롭고 편안하게 한 번 적어보는 거야. 어때?"

"좋아요. 꿈이 없기는 한데 적어보죠 뭐."

"그래, 꿈이 거창할 필요는 없잖아. 소소한 꿈이어도 괜찮아."

1. 옷 쇼핑하러 가기
2. 가족이 다 같이 꾸우*우 외식하기
3. 남친이랑 섹스하기
4. 교*치킨 원 없이 먹어보기
5. ….

'꿈을 응원하는 메시지를 전하는 수업을 진행해야 하는데 이 일을 어쩐담…'

고등학생이 그해 안에 남자친구랑 섹스하는 것이 꿈이라고 하는데 그 꿈을 응원할 수도 없고, 그들이 이야기하는 꼰대처럼 옳지 않다고 바로잡으려 애쓸 수도 없고 참 난감했다. 나는 그냥 선생님도 아니고 상담 선생님으로 이 아이들을 만났으니 어떻게 해서든 소통이 되는 상황을 만들어야만 했다.

그런데 문득 '이 아이가 내 딸이라면…' 하는 생각이 떠올랐다. 심장이 뛰고 당장 해결해야만 하는 문제로 더 가까이 다가왔다. 마음을 가다듬고 심호흡을 하고 이렇게 말했다.

"정예야, 너 그애 많이 좋아하는구나."

"네, 우리 결혼할 건데요."

"정말? 남자친구가 몇 살인데?"

"스무 살이요."

"아, 그렇구나. 정예야, 네 꿈, 그럴 수 있겠구나 하는 마음도 있지만 솔직히 심장이 쿵쾅거려. 네 꿈을 응원할 수도 없고… 순간 살짝 당황했어."

"네? 에이…. 선생님, 꿈은 안 이뤄져요. 이 꿈이 이뤄지면 안 되죠. 저 집에서 맞아 죽어요."

"아! 그래? 하하하, 그럼 너의 꿈을 응원해!"

⋮ 엄마의 말투

"선생님!"

"왜… 네 꿈 언젠가는 이루어져. 결혼하고 나면. 난 널 믿어."

정서가 불안하거나 우울점수가 높은 아이들과 함께하는 치료 집단수업이라 더 조심스럽고 마음이 갔다.

"아이들이 좀 많이 강해요. 그래서 힘들 수도 있어요."

수업 전에 들은 선생님의 말과 달리 횟수를 거듭할수록 아이들은 더 밝은 모습을 보였다. 강하다고 했던 아이들이 가까이 다가와 안기면서 한 회 한 회의 수업을 아쉬워했다. 무뚝뚝한 남학생까지 악수를 청했다.

"선생님 더 보고 싶어요. 더 오시면 안 돼요?"

"선생님, 연락할게요."

그렇게 서로 마음을 나누고 가까워졌다. 그런 아이들의 모습을 보던 학교 선생님이 더 신기해했다.

"선생님, 얘들 약 먹었어요? 왜 저런데요?"

맞다, 약 먹었다. '인정'의 약!

모든 일에는 다 이유가 있다. 떼쓰며 우는 아이에게도 이유가 있고 친구를 물고 때리는 아이에게도 이유가 있다. 어른이 되어서 웬만큼 참는 능력이 있을 법한데 운전을 하다 말고 세상 들어보지 못한 욕을 퍼부으며 화를 내는 데에도 이유가 있다. 그 이유를 알아주는 누군가를 만나면 곧 죽을 듯 날뛰던 사람도 잠잠해진다.

'그래, 그럴 수 있겠구나. 네 입장이라면 충분히 그럴 수 있어' 하고 인정하는 순간 마음이 눈 녹듯 녹아내린다. 그게 인정이다.

사람과 사람이 마주하는 사이에는 창이 두 개 있다. 네가 가진 창과 내가 가진 창. 그 창에 상대와의 경험과 정보를 각자의 방식대로 기록해둔다. 그러곤 항상 그 창의 기록을 통해 상대와 마주한다.

아이가 엄마를 향해 창에다가 '엄마는 내 말을 무시하는 사람' '엄마는 내 말을 들어주지 않아' '엄마는 늘 바빠' '엄마는 늘 하지 말라고 해' 등으로 기록해둔다면 창은 꽁꽁 닫혀 어떤 말도 스며들어가지 않는다. 방탄유리처럼 엄마의 말은 튕겨져 나올 뿐.

엄마가 아이의 말을 잘 경청하고 인정하는 노력을 한다면 아이가 창에다 '엄마는 내 말을 잘 들어주는 사람' '엄마는 항상 나를 인정하는 사람' '엄마는 내 편'이라고 기록하게 된다. 그러면 아이는 엄마를 향한 창을 살짝 열기 시작하고 엄마는 항상 옳다는 긍정적인 마음으로 어떤 말이든 수용하는 자세를 가진다.

아이가 엄마를 향한 창을 늘 열어두게 하려면 어떤 노력을 해야 할까? 먼저 내가 가진 아이를 향한 창에 쓰여 있는 지금까지의 경험과 정보를 삭제하고 긍정적이고 좋은 모습과 아이를 인정하는 메시지들을 기록해둔다.

'그래, 너는 그럴 수 있겠구나. 너는 그렇구나' 하고 인정하는 것이 꼭 옳지 않은 것도 다 맞다고 하는 것 같아 불편한 마음이 들 수도 있다. 하지만 결과는 옳지 않아도 네 입장에서 그럴 수밖에 없었던 이유를 인정하는 것뿐이다. 마음을 인정하는 것 말이다.

앞에서 아빠에게 물건을 던진 예인이 사례를 다시 보면 예인이가 물건을 던진 건 잘못이지만 아무 이유 없이 그런 것은 아니다. 또 그렇게 물건을 던지는 것은 어딘가에서 보고 배워 행동한 것이다. 그렇다면 그 순간은 예인이의 올바르지 않은 행동을 바로잡고 온전히 공감받고 용서를 배우는 기회가 된다. 엄마는 아이의 잘못을 나무라기 이전에 그럴 수밖에 없었던 이유와 감정을 인정하고, 아이의 잘못된 행동을 바로잡기 이전에 엄마 자신의 행동을 돌아봐야 한다.

인정은 변화와 성장의 원동력이다.

4장

내 마음을 알아차리는 인지의 말투

따스한 소통을 하려면 내 감정도
상대의 감정도 알아차려야 한다.

엄마는
무엇을 원하는가?

자신이 무엇을 원하는지 자신의 상태가 어떠한지 잘 전달하기 위해서는
알아차리는 인지의 능력이 중요하다.

가끔 그럴 때가 있다. 아무 이유 없이 그냥 답답할 때.

아이를 키우다 보면 잘 키우고 싶은 욕심이 나는 것은 당연한데 그 욕심이 아이를 망치는 것은 아닐까 하는 마음이 들기도 하고 때로는 엄마 말을 듣지 않는 아이가 바르게 커줄 것 같지 않아 불안하기도 하다.

그래서 애써 챙기려 하면 너무 과한 참견과 사랑이 아닐까, 과함은 부족함만 못하다고 하는데… 하면서 아무것도 하고 싶지 않은 아이러니컬한 상황에 놓여 답답할 때가 있다. 뭔가 자유롭게 했으면 좋겠다 하는 마음이 들었다가도 할 수 있는 것이 없음을 깨닫고 나면 자신이 한없이 초라하게 느껴지기도 한다. 마음이 이랬다저랬다 갈피를 잡을 수 없는데 그 감정을 뭐라고 표현할 길이 없다.

스스로 어떤 감정선에 놓여 있는지 알 수도 없다. 뭐라 말할 수 없이 그냥 답답하다. 그러다 보니 느는 것은 짜증뿐이고 아이한테 그 짜증이 전달되니 아이도 힘들어 보인다. 모성애가 없으면 '에잇, 모르겠다, 될 대로 되겠지' 하고 나를 위해 살아볼 텐데 아이들이 눈에 밟힌다.

"어머니, 지금 기분이 어떠세요?"

"모르겠어요. 그냥 나쁜 것도 아니고 좋은 것도 아니고⋯."

"나쁜 것도 아니고 좋은 것도 아닌데 그냥 눈물만 나는 거예요?"

"네. 요즘 별일 아닌 일에도 이렇게 눈물이 나네요. 그렇게 슬프지도 않은데 말예요."

"슬프지 않은데 눈물이 난다구요?"

"네. 별로 슬프지 않아요."

"아무 이유 없이 눈물이 나지는 않아요. 내 감정을 알아차려야 하는데 그걸 못하고 계시는 듯하네요. 여기 감정단어들이 있어요. 마음에 와 닿거나 눈에 띄는 어휘가 있나요?"

"공허한, 답답한, 목이 메는, 창피한, 귀찮은, 신경이 쓰이는, 서글픈⋯ 죄다 부정적인 것만 보이네요."

"선택한 어휘들이 부정적으로 느껴지세요? 괜찮아요. 감정에는 좋고 나쁨이 없잖아요. 그런데 '창피한'을 선택한 이유를 여쭤봐도 될까요?"

　　　　　　　　　　　❖ 엄마의 말투

"며칠 전에 친구를 만났어요. 키즈 카페에서 우연히 만났는데 뭔가 여유로워 보이기도 하고 힘이 있어 보였어요. 워킹 맘이라 그런지 외모도 잘 가꿔져 있어 보기 좋았고요. 우리 애가 '엄마 친구 예쁘다'라고 말하는데 기분이 좀 안 좋았어요. 괜히 애한테 짜증만 내고 나왔어요. 그 후로 더 그런 것 같아요."

"엄마 친구가 예쁘다는 말에 기분이 안 좋으셨어요?"

"네. 뭔가 비교당하는 것 같은 기분이 들면서 나 자신이 초라하게 느껴졌어요."

"친구는 일을 하고 있어서 잘 가꾸고 힘이 있어 보이는데 어머니는 그렇지 않아서 초라하게 느껴지신 걸까요?"

"그렇죠."

"그 친구분하고 대화는 나눠보셨어요?"

"네. 오래간만에 만났으니까 이런저런 이야기를 하긴 했어요."

"대화 중에 기억에 남는 내용이 있으세요?"

"일하면서 애 키우기 힘들다고 하더라고요. 그러면서 애만 키우는 제가 부럽다고…."

"아, 그 친구분은 어머니를 부러워한 거네요?"

"말이 그렇죠. 남의 속도 모르고…."

"일하고 싶으세요?"

"일이야 하고 싶죠. 둘째가 아직 어려서 조금 더 키우고 일하려 해요. 말이라도 할 줄 알아야 어린이집에 보내고 마음 놓고 일할 것 같아서요. 아직은 너무 이른 것 같아요."

"원래 하시던 일을 다시 할 수 있는 거예요?"

"그렇긴 한데… 다른 일도 해보고 싶고… 지금 애 보면서 쉬는 건 제가 선택한 건데 활기 있어 보이는 친구를 보고 잠시 마음이 흔들렸나 봐요. 제 선택이 맞다고 생각해요. 일하면서 아이 둘 키우는 건 쉽지 않잖아요. 일이야 둘째 좀 더 키우고 다시 하면 되고 외모 꾸미는 건 지금도 언제든 하면 되는데 그 순간 보이는 상황이 속상했나 봐요."

"지금 감정 어휘를 다시 한 번 보시겠어요?"

"안심이 되는, 편안한, 후련한, 고마운… 그렇네요."

"감정 어휘를 통해 감정을 알아차리고 난 후 어떠세요?"

"뭔가 해결된 느낌이에요. 괜시리 눈물이 나는데 이유는 모르겠고 아무것도 하기 싫고 귀찮았거든요. 그러면서도 슬프지 않았는데 감정을 찾다 보니 왜 그랬는지 알고 좀 괜찮아졌어요."

흔히 사람들은 공감이라고 하면 타인을 향한 공감만을 생각한다. 잘 들어주고(경청) 그 상대를 인정하는 것만이 공감이라고 여긴다. 진정한 공감은 상대의 말에 귀 기울이고 인정을 한 후에 내 감정은 어떠한지 인지해야 한다. 자신의 마음을 귀 기울여 듣고 알아차린 후 상대가 알아듣는 언어로 잘 전달하는 것까지가 순환이 되어야만 진정한 공감순환대화가 되었다고 할 수 있다.

상대도 공감받기만 하면 처음에는 고맙고 좋은 감정이 들지만 공감받기가 거듭될수록 불편함을 느낀다. 공감은 어디 한 곳 막힘없이 순환되어야 원활해진다.

공감 소통을 위해서는 자신의 마음(감정)을 알아차려야만 전달이 가능하니 순간적인 감정 포착도 자신의 욕구 파악도 할 수 있어야 한다. 자신의 마음도 욕구도 모르며 상대에게 전달을 할 수는 없으니 말이다.

Practice 5

엄마 감정 인지하기

내 감정은 어떨까?
내 마음은 어떠한가?

· 감정단어 ·

감사하다	고맙다	곤란하다	걱정되다	괘씸하다
귀찮다	간절하다	감동적이다	재미있다	민망하다
미안하다	난처하다	궁금하다	놀랍다	짜릿하다
긴장된다	기쁘다	괴롭다	답답하다	떨린다
든든하다	반갑다	만족스럽다	믿음직스럽다	벅차다
사랑스럽다	상쾌하다	뿌듯하다	설렌다	부럽다
부끄럽다	시원하다	신난다	안심되다	어색하다
억울하다	어리둥절하다	연약하다	불쌍하다	아프다
실망스럽다	상처입다	의심스럽다	두렵다	못마땅하다
서럽다	후회된다	의기소침하다	약오르다	불쾌하다
다행스럽다	낙담하다	심심하다	샘나다	초조하다
자랑스럽다	얄밉다	지친다	안타깝다	속상하다
통쾌하다	뽐내다	애처롭다	원망스럽다	어이없다
흡족하다	창피하다	메스껍다	힘들다	원통하다
당당하다	무섭다	죄스럽다	짜증 난다	섭섭하다
용기 있다	쓸쓸하다	절망적이다	화나다	서운하다
진지하다	편안하다	기가 죽다	지루하다	무심하다

흐뭇하다	측은하다	불편하다	유쾌하다	침울하다
후련하다	허전하다	우울하다	조급하다	무시하다
행복하다	흥분되다	외롭다	서글프다	막막하다
홀가분하다	즐겁다	슬프다	분하다	불만스럽다

감정단어들을 보면서 최근에 자주 느끼는 단어를 찾아본다. 그리고 그
감정의 이유를 돌아본다. 가상으로 상대에게 또는 누군가에게 마음을
전하듯 글을 써본다.

이 작업을 해야 하는 이유가 있다. 엄마의 감정이 직접적이든 간접적
이든 고스란히 아이에게 전해지기 때문이다.

또 엄마가 자신의 감정을 알아차려야 아이도 자신의 감정을 알고, 엄
마는 아이가 스스로 조절하도록 도우며 기다릴 수 있다. 자신이 무엇
을 원하는지, 자신의 상태가 어떠한지 잘 전달하기 위해서는 먼저 마
음을 알아차리는 인지능력을 꼭 키워야 한다.

감정 인지 능력도
훈련이 가능하다

단번에 욕구와 감정을 알아차리기란 쉽지 않다.
조금씩 서서히, 훈련하는 듯한 연습이 필요하다.

한 엄마가 아이를 데리고 병원에 왔다. 아픈 아이를 앞에 두고 엄마는 주변의 시선에 아랑곳하지 않고 아이에게 하고 싶은 말을 막 해댔다. 조금씩 목소리가 커졌다.

"그럼 학교는 뭐하러 가는데?"

"···."

"자르고 오리고 붙여가지고 다 해서 챙겨주는데 가지고 가서 발표 하나 못해? 그럴 거면 학교는 뭐하러 가냐고?"

"아! 싫다고."

"그래가지고 뭐가 되려고 이 모양이야?"

"···."

진료 순서가 되어서 진료실로 들어가지 않았다면 아마도 더한 말들이 막 쏟아지지 않았을까 하는 생각이 든다. 학교 숙제를 엄마가 다 해서 챙겨주니 너는 가서 발표를 잘하라고 하는데 아이는 그마저 하지 않겠다고 하니 엄마는 속이 타서 화가 난 모양이었다. 엄마의 애타는 마음도 이해가 되지만 아이의 마음도 이해가 되니 참 딱했다.

아이가 뭐든 하기 싫어하고 귀찮아할 때는 분명 이유가 있다. 좋아하지 않고 하고 싶지 않은 것을 시켰거나 너무 많은 것들을 하다 지쳤거나 강한 강요로 인한 통제와 억압이 싫었거나… 어떠한 이유가 있었을 것이다.

"학교 뭐하러 가는데?"

이렇게 이야기한 엄마의 마음은 내 아이가 자신 있게 발표를 잘했으면 좋겠다로 그런 내면의 욕구를 어긋나게 표현한 것이다. '나는 내 아이가 자신 있게 발표를 잘했으면 좋겠다' 하는 마음을 인지하고 속상함을 잠시 내려놓고 말해보자.

"엄마는 네가 자신 있게 발표를 하면 참 좋을 것 같아. 그럼 엄마와 함께 과제를 준비한 보람도 있을 거야. 엄마가 도와줄게. 어떻게 하면 용기 있게 발표를 할 수 있을까?"

이렇게 이야기했다면 어땠을까?

아이가 발표에 대한 생각을 이야기하지 않았을까? 또 숙제에 대한 아이의 생각도 알았을 것이다.

하고 싶은 것이 너무나 많은 소연이라는 아이가 있었다. 유치원에서 친구들이 하는 것을 보면 모조리 자신도 하겠다며 욕심을 내곤 했는데 엄마는 소연이의 욕심이 너무나 반가웠다. 배우는 것마다 곧잘 따라 하면서 선생님들의 인정을 받으니 엄마는 더 적극적으로 소연이의 배움을 지원했다. 그런 엄마의 등쌀에 소연이는 자신이 원해서 시작했지만 그만 멈추고 싶은 것도 어쩔 수 없이 이어 배워야 하는 경우가 많았다. 그러다 보니 배워야 하는 것은 늘어나고 체력은 따라주지 못해 감기를 달고 살기도 했다.

주변에서 지켜보는 이들은 어린아이에게 과한 것이 아니냐는 걱정을 했다. 그때마다 엄마는 이렇게 말했다.

"소연이가 원해서 하는 거예요. 그만하자고 해도 끝까지 해야 된다고 고집을 부리니 어떻게 해요. 그냥 해줘야죠. 그렇게 원하는데…"

그러다 어느 날, 소연이는 아무것도 하지 않을 거라는 고집을 부리기 시작했고 자신은 잘하는 것도 하고 싶은 것도 없다며 무조건 안 하겠다고만 했다. 결국 엄마는 아이를 이기지 못하고 소연이가 심리적으로 문제가 생긴 것 같다며 상담 연락을 해왔다.

소연이는 어린 나이에 맞지 않게 깊은 한숨을 내쉬며 어떤 질문에도 고개만 저었다.

"몰라요. 모르겠어요."

이 말만 반복하는 소연이가 참 힘들어 보였다.

"소연아, 고마워."

"… 왜요?"

"별로 이야기하고 싶지 않아 보이는데 그래도 모른다고라도 대답을 해줘서 고마워."

"그게 뭐가 고마워요?"

"선생님은 소연이가 선생님을 존중해서 대답을 했다고 생각하거든. 그래서 고마워."

"그런데 선생님은 왜 화 안 내요?"

"화? 왜 화를 내야 할까?"

"우리 엄마는 내가 모른다고 하면 화내요."

"엄마는 네가 모른다고 하면 화를 내시는구나."

"네. 말하기 싫어서 모른다고 할 때도 있고, 진짜로 몰라서 모른다고 할 때도 있는데 모른다고만 하면 화내요."

"엄마가 그렇게 화내시면 너는 기분이 어때?"

"싫어요. 그런데 괜찮아요."

"싫은데 괜찮아?"

"네. 엄마는 화내면서 '하지 마! 하기 싫으면 하지 마!'라고 하거든요. 하라고 하는 거보다 하지 말라고 하는 게 좋으니까요."

"엄마가 어떤 걸 하지 말라고 하는지 얘기해주겠니?"

"다요."

"음… 소연아, 선생님은 소연이가 말하는 다가 뭔지 궁금해."

"학원 가는 거요. 공부하는 것도요. 나는 하고 싶은 거만 하고 싶은데 엄마는 자꾸 하라고 해요."

"그렇구나. 너는 학원 가는 것도 공부하는 것도 싫고 네가 하고 싶은 것만 하고 싶구나?"

"네."

"그런데 선생님이 엄마한테 들은 이야기가 있어. 소연이가 하고 싶어 해서 학원에 보내주고 학습지도 하는 거라던데 아니었어?"

"궁금해서 한다고 했는데 재미없어서 안 하고 싶어요."

"어떤 게 재미가 없을까?"

"바이올린요. 처음에는 재미있을 것 같아서 해달라고 했는데 이제는 재미없어졌어요."

"어! 소연이 바이올린 완전 잘 연주한다고 하던데?"

"나는 잘하는데 엄마는 잘 못한다고 더 배워야 한대요. 그래서 안 하고 싶어요. 잘 못한다고 하니까요. 또 이제 재미도 없어요."

"그럼 바이올린이 재미없으면 다른 거 뭐하고 싶은 거 있어?"

"아니요. 다 재미없어요. 내가 뭐한다고 하면 엄마는 좋아하는데 그만하고 싶을 때 못 그만두게 해요. 그래서 안 할 거예요."

"소연아, 너 학원 어디어디 다녔어?"

"발레랑 바이올린이랑 피아노, 미술이랑 블럭 또 학습지요."

"우와… 너 그걸 어떻게 다 했어?"

"아! 또 있어요. 동화책 수업이요."

"아이고… 너 대단한 아이구나. 그걸 어떻게 다 하니?"

"처음에 친구가 다니는 바이올린에 보내달라고 하니까 엄마가 하게 해줬어요. 그런데 그만하고 싶은데 자꾸만 하라고 해요."

"그래서 이제 바이올린은 그만하고 싶어?"

"아니요. 다 안 하고 싶어요."

"그럼 다 안 하면 소연이는 다른 거 하고 싶은 게 있어?"

"아니요. 그냥 놀고 싶어요."

"그래? 그럼 다 안 하면 너는 뭐하고 놀고 싶니?"

"몰라요. 그냥 놀아요."

"음, 선생님이 도와줄까? 너 아무것도 안 하고 그냥 놀게 엄마한테 이야기해줄까?"

"…."

"선생님이 도울 수 있는데. 너는 안 하고 싶은데 엄마는 다 하라고 하시잖아. 그래서 너 싫은 거잖아? 그러니까 선생님이 다 그만하게 하면 좋겠다고 엄마한테 이야기해줄게."

"…."

"싫어? 이야기하지 말까?"

"… 미술하고 블록은 재미있어요. 그런데 내가 안 하고 싶을 때 안

하고 싶은데 엄마가 계속하라고 하고 자꾸 화내요."

"엄마가 화낼 때 뭐라고 하는지 물어봐도 돼?"

"네가 한다고 했잖아! 시작을 했으면 끝을 봐야지. 그래요. 그래서 한다고 얘기하면 안 돼요. 그런데 그냥 얘기해도 되는데 엄마는 자꾸 화내요."

"아… 소연이는 엄마가 그냥 얘기해도 되는데 자꾸 화를 내시니까 싫은 거구나?"

"아! 선생님 비밀이 있는데요. 바이올린 사실 재미있어요. 그런데 엄마가 자꾸 사람들 앞에서 바이올린 연주해보라고 하니까 싫어요. 부끄러운데."

소연이는 배움이 싫은 게 아니었다. 그저 엄마가 자기 마음을 좀 알아주었으면 하는 바람이 컸다.

아이는 엄마가 화를 내는 이유를 이해하기 쉽지 않다. 엄마가 먼저 아이의 진짜 마음을 알아봐 주는 것이 필요하다. 엄마의 욕심을 조금만 내려놓고 아이의 마음 이야기에 귀 기울인다면 더욱 즐기면서 배움을 이어갈 수 있다. 또 엄마가 얼마나 많은 욕심을 내는지 아이에게 어떠한 욕구를 품었는지 알아차리면 아이를 대하는 태도를 달리할 수 있다.

엄마는 자신의 욕구와 감정을 인지함과 동시에 아이의 욕구와 감정을 인지해야 한다. 그것이 마음을 잘 전달하게 하고 아이와의 관계가 좋아지게 하기 때문이다. 인지가 바로 되지 않으면 마음과 다른 표현을 하게 되고 결국 관계는 틀어질 수밖에 없다.

단번에 욕구와 감정을 알아차리기란 쉽지 않다. 감정의 종류를 알아야 엄마 자신의 감정도 아이의 감정도 알아차린다.

감정에는 어떤 종류가 있는지 감정단어를 통해 생각해보았으면 좋겠다. 그리고 다양한 감정들을 알아차리는 훈련이 생활 속에서 조금씩 연습되어야 한다. 그렇게 감정을 인지하는 능력이 훈련되면 자연스럽고 건강하게 전달할 줄 아는 엄마가 된다.

화가 나는데
어떻게 화를 내지 않을까?

화를 내는 방식은 습관이다.
화를 다스리는 노력이 필요하고 반복적으로 훈련해야 한다.

"야! 하지 말라고 했지. 네가 치워! 아… 정말 돌아버리 겠네."

아이의 엄마는 목청껏 짜증스럽게 화를 내고 아이는 아마도 한마디 말도 못한 채 울어버린 듯하다. 어쩌면 등짝을 한 대 맞았을 수도 있겠다는 생각이 든다.

왜일까? 매일 저녁 여덟 시만 되면 엄마는 저렇게 악을 쓰며 소리를 지르고 아이는 우는 전쟁통 같은 나날을 보내는 이유가 뭘까?

가만히 귀 기울여 들어보면 저녁 식사 시간인 듯하다. 아이와 엄마가 만나 저녁을 함께 먹는 자리에서 아이가 물을 쏟아버린 모양이다. 한 번이 아닌 몇 날을 걸쳐 물을 쏟으니 엄마는 조심을 시키면서도 짜증이 나나 보다.

엄마의 말투

비슷한 사례로 상담을 했던 한 아이의 엄마가 생각난다.

"선생님, 애는 아무래도 부러 그러는 것 같아요. 물 쏟지 말라고 항상 조심시키면서 컵을 중간에 두라고 하는데 꼭 자기 옆에다 두고는 쏟아요. 두 동생들 밥도 먹여야 하는데 물을 쏟아서 엄마를 고생시키고 싶은 걸까요?"

참 어렵고 난감한 상황이다. 몇 번을 반복해 이야기하고 주의를 주었기에 아이가 왠지 엄마를 골탕 먹이기 위해 물을 쏟는 것 같다는 생각이 들 정도로 화가 난다고 한다.

맞다, 화가 난다. 몇 번을 이야기했는데… 물을 쏟지 않게 잘 챙길 수 있을 것 같은데… 육아에 지친 마음에 그냥도 화가 날 수 있다. 혼자 얼마나 버거울까. 혼자 얼마나 지칠까. 어쩌다 이런 상황에 놓인 건지. 화가 나서 화를 내는 자신에게 다시 화가 나기도 할 것이다.

나를 내려놓고 아이와 집안일에 옴팡 마음도 시간도 다 할애하는데 그 노력을 알아주기는 고사하고 또 해결해야 할 문제만 돌아오니 얼마나 속이 상할까. 아이가 대화라도 되면 좋을 텐데 말귀도 못 알아듣는 것 같으니 얼마나 답답할까.

이런 상황에 놓여 있을 때는 답이 없는 듯하다. 주위에서 이러쿵저러쿵 던져주는 조언은 크게 도움이 되지 않는다. 집집마다 상황은 비슷해도 해결방법은 같지 않다. 속이 상하고 답답한 마음에 아이에게 화를 내보고 주변에 누군가를 붙들고 하소연을 해봐도 돌아서면 답답한 것은 매한가지다.

화가 나는 순간 어느 누군가가 아닌 바로 자신과의 공감 대화를 시도하고 감정을 알아차려야 한다.

아… 내가 지금 화가 났구나. 많이 힘든가 보구나. (인지)

내가 왜 이렇게 화가 났을까?

무엇이 나를 이렇게 화나게 한 것일까?

아이가 물을 쏟아서 화가 나는 것일까, 처리해야 하는 일에 화가 나는 것일까?

나는 화가 날 때 어떻게 화를 내고 있지?

자신에게 공감하고 질문하는 대화를 하다 보면 자신의 상태를 인지하고 문제를 어떻게 해결해야 할지 생각할 힘이 생긴다. 그때 다시 자신과 질문 대화를 시도해보면 좋겠다.

아이는 늘 물을 쏟고 어김없이 화를 내는, 되풀이되는 상황에서 아이의 마음은 어떠할까?

정말 아이가 나를 골탕 먹이기 위해 물을 쏟는 것일까?

반복적으로 물을 쏟는 아이에게 내가 어떻게 대처해야 할까?

내가 하는 말을 아이가 알아듣지 못하는 것은 아닐까?

이렇게 자신과의 질문 대화를 하다 보면 스스로 화 다스리는 법을 깨닫거나 계발하게 된다.

'화가 날 때는 심호흡을 하라고 했어. 크게 호흡하며 뇌에 산소를 공급하고 스스로 화를 다스리는 모습을 아이에게 보여주자.'

그러면 아이에게 이렇게 말할 수 있다.

"잠깐만. 괜찮아, 엄마가 도와줄게. 많이 놀랐지?"

물론 하루아침에, 한두 번의 노력으로 이렇게 바뀌지는 않는다. 하지만 우리 엄마들은 대부분 같은 상황에 같은 모습으로 화를 낸다. 그렇다는 것은 화가 나는 상황을 미리 알 수 있다는 것이다. 화가 날 상황을 상상하며 미리 연습을 해두는 것이 때로는 도움이 된다.

어쩌면 이렇게 생각할 수도 있다. 하지만 화가 나는 순간에 화산이 폭발하듯 감정이 격해지는데 어찌 자신과의 대화가 가능할까? 맞다, 이해가 되지 않을 수도 있다. 화가 나는 순간에 화를 버럭 하고 내는 것이 유익하다고 생각하지는 않을 것이다. 그저 참기가 어려울 뿐이다. 화를 내는 방식은 습관이다. 습관은 바꿀 수 있다. 화가 난다고 버럭하며 화내기 시작하면 화를 내는 방식이 강화되고 화는 또 다른 화를 불러온다. 그래서 화를 다스리는 노력이 필요하고 반복적으로 훈련해야 한다.

사람들은 각자 다양한 방법으로 화를 낸다. 상대에 따라 다른 방법으로 화를 내기도 한다. 모양과 색깔, 맛이 조금씩 달라도 사탕은 달콤한 사탕인 것처럼 화는 어떠한 방법으로 표현되어도 화일 뿐이다.

엄마의 화는 아이에게 긍정적인 작용을 하지 않는 경우가 더 많다. 자, 화가 날 때는 이렇게 생각해보자.

'상대는 나를 화나게 한다. 아! 상대가 지금 나를 조종하고 있구나. 이 순간 내가 화를 내면 상대의 명령에 복종하는 것이다.'

이기고 지는 것이 중요하지 않다고 할 수도 있겠지만 화를 내는 순간 상대에게 지는 것이다.

"나는 내 감정의 주인이다. 화를 낼지 다스릴지의 선택은 내가 한다."

엄마는 화가 난 자신을 인지해 화내지 않고 화를 다스리는 모습을 아이에게 보여주어야 한다. 아이는 엄마의 행동을 보고 배워 그대로 행동한다. 아니, 몇 곱절 불려서 행동한다. 아이의 말과 행동의 씨앗은 부모에게서 나온다. 그 씨앗은 무럭무럭 자라 몇 곱절이 되어 표현된다. 내 아이가 엄마보다 몇 배 더 강력한 방법으로 화내도 괜찮을까? 가만히 한 번 생각해보면 좋겠다.

엄마가 원하는 것인가, 아이를 위하는 것인가?

엄마가 원하는 욕구와 감정을 거름망에 거르지 않고 그대로 표현하면
아이는 불편하고 마음이 상할 수 있다. 엄마의 태도로 아이가 느낄 감정을
알아차릴 수만 있다면 우리는 참 좋은 엄마노릇을 해낼 수 있다.

이 땅의 아이들은 행복해야 합니다.

부모라는 아름다운 이름으로

아이들을 하나의 인격체로

인정해야 합니다.

욕심, 그것이 문제가 됩니다.

잘해줘야겠다는 욕심

잘 키워야겠다는 욕심

넘침은 모자람만 못하니

적당히 알맞은 사랑으로

이 정도면 충분한 엄마노릇으로

아이들의 행복 권리를 찾아줍시다.

부모교육 강의를 하거나 심리상담사 양성 강의 중에 꼭 한 번씩은 이 글을 큰 목소리로 읽어보게 한다. 엄마의 지나친 욕심이 아이를 아프고 힘들게 한다. 지나친 욕심은 아이를 바르게 자라게 하기보다 삐뚤어지고 모나게 한다.

　　우리 엄마들은 그것을 너무나도 잘 알면서도 욕심이 앞서 아이들에게 해가 되는 상황을 만들고 합리화시켜버린다. 때로는 엄마가 아이를 괴롭히는지 모르는 경우도 더러 있다.

　　윤지는 다섯 살답지 않게 너무나 똑 부러지게 말을 잘한다. 손도 얼마나 야무진지 그림도 뚝딱뚝딱 만들기도 뚝딱뚝딱 요술 손처럼 잘도 그리고 만든다. 윤지에게는 세 살 여동생이 있다. 어느 날은 윤지가 그림을 그리다가 이렇게 말했다.

　　"선생님, 내 동생은요 아무것도 할 줄 몰라요. 내가 하는 거 다 하고 싶어 하면서 할 줄은 몰라요. 내가 너무 잘하거든요. 그래서 따라 할 수가 없어요."

　　"그래? 윤지가 너무 잘해서 동생은 따라 할 수가 없는 거야?"

　　"네. 그래서 매일 동생은 엄마랑 밖에서 기다려야 해요."

　　"아… 그렇구나. 동생은 윤지처럼 못해서 밖에서 기다리는구나."

　　"선생님, 오늘은 엄마랑 동생이 세 번 밖에서 기다려야 해요."

　　"세 번?"

"네. 미술할 때, 바이올린할 때, 레고할 때 기다려야 해요."

"우와… 오늘 너 미술에 바이올린하고 레고까지 하는 날이니?"

"네. 오늘이 하는 게 제일 많아요. 휴…."

"어! 그런데 너 왜 싫은 표정이지?"

"힘들어요. 선생님은 몰라요. 얼마나 힘든데요."

"윤지가 그렇게 힘들면 엄마한테 힘들다고 말씀드려. 엄마가 윤지를 도와주실 거야."

"안 돼요. 그럼 엄마가 싫어할 거예요."

"그래? 엄마가 왜 싫어하실까?"

"엄마는 내가 뭘 잘하는 걸 좋아하거든요. 매일 사람들한테 내가 잘하는 거 자랑해요."

"윤지는 엄마가 사람들에게 윤지 잘한다고 자랑하는 게 좋구나?"

"휴… 네…."

윤지는 윤지를 인정하는 엄마의 말이 좋아 학원을 놓지 못했다. 학원을 다니면서 선생님들의 인정이 결국 엄마의 인정으로 이어지며 윤지는 엄마에게 동생보다 더 많은 관심을 받는 것이 좋았다. 그래서 힘이 들어도 학원을 놓을 수 없었던 것이다.

윤지가 하는 것마다 선생님들은 소질이 있다며 전공을 시키는 것이 좋겠다고 말한다. 바이올린과 발레학원에서도 뛰어난 능력을 발휘해 가르치는 선생님들마다 다섯 살밖에 되지 않은 윤지의 미래를 상상하며 꿈을 꾼다.

어찌 보면 참 좋은 일이기는 하나 어린 윤지가 너무나 무거운 짐을 짊어진 것 같아 안타까워 보였다.

윤지가 하루는 이렇게 말했다.

"선생님, 이제 그만하고 싶어요."

"그래? 그럼 그만하자."

"미술은 오늘만 그만하고 싶은데 다른 거는 계속 그만하고 싶어요."

"어? 윤지가 하고 싶어서 하는 거 아니야?"

"아니에요. 엄마가 해야 한다고 했어요. 잘하니까 더 열심히 해야 한다고요."

"윤지야, 힘들면 엄마한테 힘들다고 이야기해도 괜찮아."

"엄마는 그럼 다시는 어디 보내달라고 말하면 안 된다고 해요."

"아… 그래서 힘들어도 계속하는 거야?"

"그럼 동생만 시켜준대요."

윤지의 말과 윤지 엄마의 말은 서로 달랐다. 윤지 엄마는 윤지더러 그만 배우자고 하면 계속하고 싶다고 떼쓴다고 이야기했는데 윤지가 그렇게 할 수밖에 없는 이유가 있었다. 윤지가 잘하는 모습에 욕심이 나서 꾸준히 배웠으면 좋겠다는 마음이 윤지를 힘들게 만든 것이다.

그것이 윤지에게 어떠한 도움이 될까? 진정 윤지를 위한 것일까?

아무 문제없이 여러 가지 배움을 잘 이어가 성장한다면 괜찮다. 그런데 그 과정에서 윤지가 마음의 짐을 지고 어렵게 한 발 한 발 걸어간다면 상처만 남지 않을까?

결국 윤지가 모든 배움을 중단할 수밖에 없는 상황이 벌어졌다. 윤지의 마음을 알아주기보다 더 잘해주기만 바란 엄마의 욕심이 화근이 되어 윤지에게 빈뇨와 눈을 깜빡이는 이상증상이 나타나기 시작했기 때문이다.

윤지를 궁지로 내몬 것은 따스한 관심과 사랑이 그리워 과하게 엄마가 좋아하는 학원을 선택한 것과 엄마 자신의 욕구로 인한 말 때문임을 알게 되었다. 처음에는 받아들이지 않다가 상담하면서 서서히 변화하는 윤지의 모습을 통해 엄마는 잘못을 인정하게 되었다. 평소에도 아이들에게 흔히 협박하듯 했던 말들을 인지하고 조금씩 수정해나갔다. 윤지 엄마의 협박성 말은 이랬다.

"너 밥 똑바로 앉아서 안 먹으면 있다가 놀이터에 안 데리고 나갈 거야."
"엄마 말 안 들으면 휴대폰 못한다."
"이리 와. 지금 안 오면 장난감 안 사줄 거야."
"그래, 네 마음대로 해. 앞으로 다시는 안 해줄 테니까."

이러한 말들은 아이들에게 엄청 큰 협박이다. 이 말을 어른들의 세

계에서 사용되는 말로 바꿔보면 이렇지 않을까?

"그 돈 당장 안 갚으면 신체포기 각서대로 실행합니다."

"내 말 안 들으면 여기서 못 나갑니다."

"이리 오십시오. 지금 당장 안 오면 월급 안 줍니다."

"그래요. 마음대로 하십시오. 앞으로 다시는 당신이 원하는 것을 할 수
없을 겁니다."

우리 어른들이 이 말을 누군가에게서 들었다면 어떨까?

알게 모르게 어른들은 아이들이 말을 잘 들었으면 하는 욕구로 강
요와 협박을 한다. 그것이 옳지 않음을 알면서도 그 순간 말을 잘 들
어주지 않는 아이들 앞에서 답답한 어른들로서의 최선이었을지도 모
른다. 그러나 강요와 협박성 말은 어떠한 경우에도 합리화될 수 없
다. 어른들은 '내가 그 말을 들었을 때 괜찮은가?'를 꼭 되짚어보며
아이들에게 말해야 한다. 그 수고를 기꺼이 감내해야 아이들을 존중
하는 어른이 된다.

존중받는 느낌은 부모나 타인을 향한 존중으로 되돌아간다. 존중
에 존중을, 사랑에 사랑을 품고 베푸는 것은 콩 심은 데 콩 나고 팥
심은 데 팥 나는 이치와 같다.

엄마의 사랑과 관심을 받기 위해 무리하게 엄마가 좋아하는 학

원을 선택하며 힘들어했던 윤지를 위해 엄마의 말투는 이렇게 바뀌었다.

> "윤지야, 엄마는 윤지가 바른 자세로 앉아서 밥을 먹어주면 좋겠어. 엄마도 바른 자세, 윤지도 바른 자세. 어때? 우리 같이 예쁘게 앉아서 맛있게 먹어볼까?"
> "윤지야, 엄마가 하는 말 잘 들려? 아… 들었구나. 그럼 엄마 부탁 들어줄래?"
> "윤지야, 엄마한테 잠시 와주겠니? 윤지의 도움이 필요해."
> "그래. 너 하고 싶은 대로 먼저 해보자. 그다음에 엄마가 말하는 대로도 한 번 해볼까?"

똑 부러지는 똑순이 윤지는 엄마가 바뀌어서 너무 좋다고 하면서 이렇게 말했다고 한다.

"엄마가 말이 예뻐서 윤지 말도 예뻐지는 거야."

아이는 부모의 거울이라고 한다. 부모가 말하고 행동하는 것을 그대로 따라 하는 따라쟁이 아이들이다. 예쁜 말을 하는 엄마의 아이는 엄마처럼 말을 예쁘게 하고, 예쁜 행동을 하는 엄마의 아이는 예쁜 행동을 할 수밖에 없다. 윤지는 엄마의 바뀐 말투 하나에 이상증상이 완전히 사라졌다.

식당에서 식사하는 중에 옆 테이블의 가족을 잠시 보게 되었다.

엄마는 숟가락에 밥과 고기를 올려 아이 입 앞에 가져다 댔고 아이는 의자 뒤로 몸을 젖힌 채 입을 굳게 닫았다. 엄마의 눈에서는 보이지 않는 레이저가 나오는 듯 아이를 쩌려보는 중이고 아이는 살짝 눈을 깜빡이며 곁눈질을 했다. 한참 정지화면을 보는 듯 멈춰 있다가 엄마가 한마디 했다.

"안 먹을 거야?"

아이는 변함없이 눈을 깜빡이며 요동 없이 앉아 있었다. 마주 앉은 아빠와 형인 듯 보이는 아이는 그 상황을 못 본 체하며 각자의 음식을 먹었다. 그러던 중 엄마가 한마디를 더 했다.

"입 벌려!"

아이가 얼어붙은 모습으로 입을 벌렸는데 입안에는 음식이 한 가득 들었다. 그런데 엄마는 숟가락 위의 음식을 아이의 입에 집어넣었다. 그러고는 또 한마디 했다.

"씹어! 빨리 좀 먹어."

나라면 입에 있는 음식까지 다 토해내고 싶을 것 같았다. 한참을 오물오물거리며 안 넘어가는 것을 억지로 삼켜가며 먹다가 물을 뜨러 가는데 엄마가 가까이 다가가자 아이는 반사적으로 두세 걸음 뒷걸음질을 쳤다. 엄마는 아이 손에 들린 물컵을 낚아채듯 뺏어 들고 물을 받아서 아이 입 앞에 가져다 댔다.

"마셔!"

그냥 보고 있으면 엄마의 말과 행동은 아동학대다. 그 모습에 화가 날 듯도 하지만 나는 엄마의 마음이 보여 마음이 아렸다. 저 엄마가 처음부터 아이를 저렇게 대했을까? 엄마는 책임감도 강하고 남에게 민폐 끼치는 것이 싫어 보였다. 아들 둘을 키우며 지칠 대로 지친 모습이 역력하고 그럼에도 엄마니까 어떻게 해서든 먹여야 하고 챙겨야 하는 본분을 다 하는 중이었다. 한 숟가락이라도 더 먹이고 싶었을 것이고, 혹여 물을 받다가 쏟을까 염려되어 아이를 챙겨준 것이다. 명령하듯 말하지 않으면 아이가 엄마의 말을 들어주지 않으니 엄마는 최선의 방법으로 명령 어투를 선택한 것인지도 모른다.

뭔가 이유가 있겠지. 뭔가 저 가족만의 사유가 있겠지. 이러고 지나칠 수도 있지만 그 가정의 행복한 소통을 도울 방법을 아는 나로서는 그냥 지나치는 것이 쉽지는 않았다.

언젠가 나는 우리 아들에게 이렇게 이야기한 적이 있다.

"내가 네 엄마야. 그러니 내 말 들어!"

그래서인지도 모르겠다. 나도 그런 모습으로 살았던 적이 있어서 그 엄마의 모습을 보고 '오죽했으면 저럴까…' '얼마나 힘이 들까…' 하는 마음이 들었는지도 모른다. 동질감 같은 거다. 내 아들은 어찌나 자유분방한지 모든 면에서 제멋대로다. 뭐 하나 말을 들어주는 일이 없다. 중학생이 된 지금도 크게 다르지 않다. 그러나 소통하는 방법을 달리하니 감정도 달라졌다. 이전의 대화는 이랬다.

"영재야, 너 학교 마치고 엄마가 있는 곳으로 곧장 와줘."

"왜? 싫어."

"오라면 와."

"왜?"

"엄마가 오라잖아."

"싫어!"

지금은 이렇게 바뀌었다.

"아들, 너 학교 마치고 엄마가 있는 곳으로 왔으면 좋겠어."

"왜?"

"왜는… 보고 싶어서 그러지."

"알겠어."

또 다른 대화 사례를 들어보겠다.

"좀 씻어. 너는 왜 그렇게 씻는 것을 싫어해?"

"씻었다고."

"씻은 게 그래? 머리에는 비듬이 한 가득이고 이는 누런 황금이구만."

"아, 씻었다고."

바뀐 대화의 장면이다.

"아들, 엄마가 머리 감겨줄까?"

"어!"

"좋아, 이리 와봐. 아… 너 머리는 감는데 뻣뻣한 이유가 이거였구나."

"뭐?"

"샴푸를 덜 헹궈서야. 머리를 감는데도 지저분하게 느껴지는 이유가. 물을 틀어두고 이렇게 많이 헹궈봐."

"알겠어, 엄마."

"오… 오늘은 완전 깨끗하게 씻으셨는데. 멋지다, 아들. 봐, 잘하잖아. 너는 마음만 먹으면 뭐든 잘할 능력이 있어. 엄마는 네가 능력자인 줄 알고 있었어. 멋진데, 아들."

하지만 나도 이렇게 대화하게 되기 전까지는 속이 말이 아니었다.

'나이가 몇 살인데 씻는 것도 말을 해야 하나.'

'몇 번을 똑같은 말을 하는데 듣지를 않는구나. 속이 터진다.'

'쟤는 왜 저 모양일까….'

그런데 가만히 생각을 해보았다.

'내가 저 아이한테 씻으라고 하는 이유는 뭘까?'

내 아이가 깨끗했으면 좋겠다는 욕구와 혹여 누군가 지저분한 채로 다니는 내 아이를 만만하게 보지는 않을까 하는 마음, 또 지저분하게 하고 다니는 아이의 엄마인 나에게 욕이 돌아올까 하는 당혹감, 마지막으로 씻지 않고 있다가 병이라도 걸리면 어쩌나 하는 안타까움 등 복합적인 감정들이 올라와서였다.

나는 내 욕구와 감정을 인지했다. 그러고 나서 깨달았다.

'내가 원하는 욕구와 감정을 있는 그대로 실어 거름망 없이 아들에게 표현하면 아들은 불편하고 마음이 상하겠구나.'
'내 욕구와 감정으로 인해 아들은 어떤 감정을 느낄까?'

그다음 아들이 나로 인해 느낄 감정을 알아차리기 위해 노력했다. 그러자 대화 방법이 바뀌었고 아들과의 대화가 편안해졌다.

식당에서 본 두 아들의 엄마 또한 아이를 향해 가지는 욕구와 감정을 알아차리고 엄마의 태도와 아이가 느낄 감정을 관찰하면 분명 큰 변화가 생길 것이다. 엄마 자신을 향한 인지와 상대인 아이를 향한 인지가 가져다주는 변화는 클 수밖에 없다. 엄마가 원하는 무언가가 아이를 위한 것임은 분명하니까.

백 번, 수백 번, 수천 번을 이야기해도 틀림이 없는 말이 있다.

"아이를 향한 엄마의 바른 노력은 헛된 것이 없다."

5장

내 마음을 전하는 전달의 말투

부드러운 말로 상대방을 설득하지 못하는 사람은
위엄 있는 말로도 설득하지 못한다.

_안톤 체호프(Anton Chekhov)

엄마가 말하지 않으면
아이는 알지 못한다

때로는 사랑한다는 단 한 마디 말이 쌓인 분노의 감정을 단번에 녹아내리게 하는 힘을
발휘한다. 마음에 묻혀 있는 사랑한다는 말을 건강하게 전달한다면
아이와 좋은 관계로 지낼 수 있다.

놀이터에서 뛰어다니던 아이가 넘어져 다쳤다. 무릎에 피가 나고 팔꿈치에서도 피가 났다. 아이에게 뛰어간 엄마는 소리부터 질렀다.

"그러게 엄마가 뛰지 말라고 했지!"

"아앙… 아퍼…."

"아, 진짜 이제 어쩔 거야. 마음대로 씻지도 못하겠다."

"아앙… 아프다고…."

"네가 뛰어서 그렇잖아. 엄마가 뛰지 말라고 할 때 뛰지 말았어야지."

"히잉… 아아앙… 아프다고…."

"시끄러! 조용히 해."

아프다며 우는 아이의 손을 잡아끌며 엄마는 아이의 등을 한 대 쳤다.

내가 보기에 아이는 넘어져 피가 나는 무릎보다 마음이 더 아파 보였다. 그런데 아이의 마음도 보이지만 엄마의 마음도 함께 들여다보였다. '아이쿠… 다치지 않고 놀면 좀 좋아. 이렇게 다치면 가뜩이나 씻는 것을 좋아하지 않는데 더 씻기 힘들겠다. 아휴… 속상해.'

넘어진 아이도 놀랐겠지만 그 아이에게 뛰어간 엄마는 또 얼마나 놀랐을까. 뛰는 걸음에 아이를 생각하는 엄마의 마음이 고스란히 드러나 보였다.

아이도 속상하고 엄마도 속상한 상황인데 엄마가 아이를 생각하는 마음은 하나도 전달하지 못하는 모습이 참 안타까웠다.

마음을 말로 그대로 전달하는 말하기가 습관이 되어 있다면 얼마나 좋을까. 말하지 않으면 모를 엄마의 마음을 아이에게 말로 온전히 전한다면 엄마는 아이 마음에 공감하고 아이도 엄마 마음에 공감할 수 있다.

마음을 말로 표현하지 않고 느낌으로 표현하는 경우를 흔히 보게 된다. 나 역시 순간적으로 드러나는 감정을 표정과 말투로만 표현하지 정확한 언어로 전달하지 못할 때가 있다. 말로 솔직하게 표현하려는 노력을 하지 않으면 마음과 다른 표정과 느낌을 전하게 된다.

엄마가 넘어진 아이에게 이렇게 이야기했다면 어땠을까?

엄마의 말투

"괜찮아? 엄마가 도와줄게."

"어디 보자. 아이쿠… 아프겠다. 걸을 수 있겠어?"

"놀랐지? 엄마도 깜짝 놀랐어. 어떡하니… 괜찮아?"

"아이고 속상해. 아이고 속상해. 맞어, 속상하지… 아프기도 하고, 그
지? 그래. 눈물이 나지. 울어도 괜찮아. 엄마가 도와줄게. 약도 발라주
고 빨리 낫게 치료해줄게."

"보자, 보자. 어디가 아파? 네 무릎 보니까 엄마 마음이 너무 아프다. 엄
마 마음이 이렇게 아픈데 넘어진 너는 얼마나 아프겠어."

호들갑스러운 엄마의 이 말이 아이에게는 큰 공감이 되고 상처도
덜 아프게 느껴지게 만든다.

'아! 우리 엄마가 내 마음과 똑같구나. 내 마음을 알아주는구나….'

어느 날 내 아들도 넘어져 똑같이 무릎에 상처가 났다. 순간 드는
감정과 마음이 달랐다.

'저것 봐. 뛰지 말라고 했는데 늘 저리 뛰다가 온 무릎이 상처투성
이인데 저걸 어째. 아이고… 속상해.'

이런 감정과 달리 마음은 아들 무릎만큼이나 아팠다. 그런데 마음
을 말로 표현하는 습관이 되어 있지 않다 보니 말로 다 표현할 수 없
고 이성적으로 옳은 말은 떠오르지만 말로 표현하기가 쑥스러웠다.
그래서 나는 아들의 무릎을 보며 내가 더 아픈 것처럼 호들갑만 떨었

다. 아들은 그런 나를 보며 딱 한마디만 했다.

"아!아!아!아!아!아! 아… 아프겠다. 어떻게 해….."

"괜찮아, 엄마!"

그 순간 '아! 내 마음이 아들에게 전달이 되었구나…' 하는 생각이 들었다. 마음을 말로 표현하기가 쑥스럽거나 쉽지 않다면 나와 같은 방법으로 시작해 조금씩 늘려가보면 참 좋겠다.

마음을 말로 전달하지 못해 아이와 소통이 어려운 엄마, 그리고 엄마의 사랑을 원하지만 엄마의 서툰 표현력에 사랑받고 있다고 느끼지 못하는 아이와 상담을 했다.

초등학교 5학년 효석이는 친구의 물건이나 돈을 자기 것처럼 마음대로 사용한 증거가 분명함에도 그런 적이 없다고 부인만 해 남의 물건과 돈을 '훔치는 아이'로 비난당했다.

친구의 돈 만 원을 자기 것이라고 주장하다가 결국 거짓임이 드러나 담임 선생님의 권유로 나와의 상담을 시작했다. 그렇게 만나게 된 효석이는 문제를 일으키는 아이, 물건과 돈을 훔치는 아이라고 하기에는 어울리지 않는 표정을 하고 있었다.

주스를 마시다 사레가 들어 기침을 하자 효석이는 바로 괜찮냐고 했고 엄마에 대해서도 스스럼없이 말을 했다.

"우리 엄마는 돈 버느라 너무 힘들어요. 그래도 내가 하고 싶은 것은 다 하게 해줘요."

"효석아, 엄마가 너를 참 많이 사랑하시나 보다. 그러니 네가 하고 싶은 것을 다 하게 해주시지."

"하고 싶은 거는 다 하게 하는데 저를 사랑하지는 않는 것 같아요."

"그래? 엄마가 너를 사랑하지 않는 것 같아? 왜 그렇게 생각하는 거야?"

"엄마는요, 잘 웃지도 않고 매일 일만 한다고 바빠요. 나한테 관심이 없어요. 그리고 사랑한다고 말하지도 않아요."

"그래? 너는 엄마가 사랑한다고 말하지 않고 바빠서 너에게 관심이 없다고 생각하는구나? 그래서 엄마가 너를 사랑하지 않는다고 여기는 거고?"

"네, 맞아요."

"음… 선생님은 이렇게 생각해. 엄마는 효석이를 무지 많이 사랑하시는데 어쩌면 네가 알아차리도록 표현을 못할 수 있다고 말이야."

"몰라요. 그럴 수도 있고, 아닐 수도 있고…."

효석이 엄마와의 상담에서 나는 엄마의 마음이 어떠한지, 어쩌다 효석이가 엄마는 자신을 사랑하지 않는다고 느끼게 되었는지 알고 싶어서 질문을 했다.

"어머니, 효석이에게 사랑한다고 한 번쯤 말해보셨어요?"

"그건 기본이잖아요. 부모가 자식 사랑하는 것은 당연한 것 아닌가 요? 그걸 꼭 말로 해야 하나요? 사랑하지 않으면 왜 데리고 키우겠어 요. 입히고, 먹이고, 재우고 해달라는 것 다 해주며 키우는데 그게 사 랑이 아니고 뭔가요?"

"효석이는 엄마가 자신을 사랑하지 않는다고 말해요. 그래서 사랑 받고 싶다는 표현을 하던대요."

"설마 제가 저 애를 사랑한다는 말 한 번 안 하고 키웠겠어요? 어 릴 때는 수없이 이야기하고 안아주었어요. 다 큰애한테도 사랑한다 고 말해야 하나요? 그리고 사랑받을 짓을 해야 사랑한다고 말하죠. 이렇게 사고를 치는데 어떻게 사랑한다고 말할 수 있겠어요?"

"음… 사랑할 짓을 해야 사랑하고 지금처럼 사고 치면 사랑하지 않는다는 건가요?"

"… 솔직히 내 자식이지만 이럴 때마다 정말 싫어요. 그냥 사는 것 도 힘든데 뒤치다꺼리 하느라 너무 힘들어요. 그래서 사랑한다는 생 각이… 휴… 모르겠어요."

"아이고… 어머니, 많이 속상하고 힘드신가 봐요. 그럼 속상하고 힘든 상황을 아이에게 이야기해보셨어요?"

"아니요. 말한들 뭐하겠어요. 알아나 줄까요?"

"제가 만나본 어머님의 아들은 속마음을 솔직하게 이야기하면 알 아듣고 노력할 아이예요."

"쟤가요? 설마요. 자기밖에 모르는 이기적인 아이예요. 어렵다고 이야기해도 갖고 싶은 것은 다 사야 하고 내가 아파서 누워 있어도 자기 원하는 것은 다 해달라고 떼써요. 몸살에 걸려 누워 있어도 물 한 잔 떠다 주는 일이 없는 아이예요."

"아니요. 어머님이 생각하시는 것처럼 그렇게 이기적인 아이 아닙니다. 몰라서 못하지 알면 충분히 나눌 줄 아는 따뜻한 가슴을 품은 아이예요."

"글쎄요…."

"어머니, 저 한 번만 믿고 효석이와 솔직하게 대화를 해보세요. 마음을 있는 그대로 말로 표현하면서 대화하면 좋겠어요. 제가 도와드릴게요. 어머니, 효석이 사랑하시죠?"

"사랑하죠. 내 자식인데 사랑하죠. 사고 칠 때만 속상해서 사랑이고 뭐고 그냥 싫지 내 자식인데 어떻게 안 사랑하겠어요."

"그래요. 그럼 그 마음부터 먼저 전달하기로 해요."

효석이와 엄마, 나는 한 공간에서 평소와는 달리 말투를 바꿔 마음을 말로 표현하는 시간을 가졌다.

"효석아, 너 엄마가 너 안 사랑하는 것 같아?"

"…."

"엄마는 너 사랑해. 사랑하니까 일도 하고 돈도 버는 거야. 너 하고 싶은 거 하게 해주려고."

"…."

"효석아, 사랑해…. 엄마가 네가 알아차리도록 사랑한다고 말하지 않아서 미안해."

갑자기 효석이가 흐느끼면서 울기 시작했다. 엄마는 그런 효석이를 보면서 많이 놀란 듯했다. 아마도 느꼈을 것이다. '아! 내가 사랑한다는 표현을 하지 않아서 이 아이가 많이 아팠구나. 나에게 사랑받고 싶었구나' 하고 말이다. 효석이도 울고 엄마도 울고 옆에서 나도 같이 울었다.

사실 별것 아닌 것 같지만 사랑한다는 말 한 마디가 얼마나 큰 힘을 갖는지 모른다. 아무런 감정을 실지 않은 채 사랑한다는 말을 하는 것과 달리 진심을 담은 사랑한다는 한 마디는 차곡차곡 쌓아왔던 분노의 감정도 단번에 녹아내리게 하는 힘을 가지고 있다. 말하지 않아도 당연히 안다고 생각하는 단 한 마디의 말, 말하지 않으면 모르는 마음의 말이다. 나는 알지만 상대는 알 수 없는 마음의 말을 잘 전달할 때 나도 공감받고 상대도 공감하고 또 공감받을 수 있다.

가만히 돌아보는 시간이 필요하다. 말하지 않았지만 알아주었으면… 하고 생각한 것들은 없는지. 또 한 번 두 번, 이야기했는데 왜 모를까 하고 아이가 한두 번만에 알아주기를 바랐던 일은 없는지 되짚어보아야 한다. 그리고 진심을 담아 마음에 있는 솔직한 말을 건강하게 잘 전달하려는 노력을 용기 내어 해보기를 응원하고 싶다.

효석이뿐만 아니라 남의 물건을 훔치는 행동을 하는 모든 아이에게는 원인이 있을 것이다. 욕구 통제 능력이 부족하거나 부모와의 애착이 문제일 수 있다. 또 또래집단이나 주변인에게 인정을 받기 위한 방법으로 절도를 선택하기도 한다. 때로는 습관이 되어 자신도 모르게 훔치는 행동을 반복하기도 하는 등 여러 가지 원인이 있다.

효석이는 엄마와의 애착 형성이 잘되어 있지 않아 물건을 훔치는 증상이 있다는 가정하에 상담을 진행했다. 먼저 애착 문제를 해결하기 위해 엄마와 단 둘만의 시간과 놀이 등에 집중하고 엄마가 말투를 바꾸어 대화하도록 했다. 효석이 엄마는 따뜻한 말투로 솔직한 마음을 효석이에게 전달하고 효석이도 마음을 엄마에게 이야기하기 시작했다. 그러자 효석이의 물건을 훔치는 행동이 조금씩 개선되었고 자신의 행동이 잘못임을 인지하고 스스로 옳지 않다는 말을 하기도 했다.

물건을 훔치는 아이들의 행동은 부모의 관심과 보살핌, 적절한 훈육으로 얼마든지 개선이 가능하다. 중요한 것은 물건을 훔치는 원인 파악하기이고, 무작정 혼내고 범죄자로 대하기보다 걱정하고 돕고 싶다는 마음이 담긴 진심어린 말투가 더 빠른 개선을 돕는다.

나 전달법으로 전하자

공감능력, 그것은 변화가 일어나고 회복이 되는 신기한 마법의 묘약이다.
엄마라면 그 능력은 꼭 갖추어야 한다.

공감에는 변화와 마음의 회복을 일으키는 신기한 마법의 묘약 같은 능력이 있다. 사람뿐만 아니라 동물에게도 이는 마찬가지다.

태국 마이돌 대학 행동생태 학자와 연구진은 아시아 코끼리를 1년 동안 관찰하는 과정에서 위로의 행동을 발견했다. 코끼리는 상대 코끼리가 힘들어하자 물릴 위험을 감수하고 자기 코를 상대의 입속에 넣어 공감을 표현했다.

공감은 타인의 사고나 감정을 알고 그 기분을 비슷하게 느끼는 것(《네이버 지식백과》)이다. 이러한 공감은 관계에서 큰 역할을 한다. 여러 가지 좋지 않은 경험으로 무너져버린 마음의 회복을 돕기 때문이다.

〈공감의 뿌리〉 창립자 메리 고든(Mary Gordon)은 이렇게 말하며 아이들의 공감 교육을 진행한다.

"우리에겐 빠른 계산능력이나 유창한 외국어 실력뿐 아니라 폭넓은 공감교육이 필요하다."

이렇게 중요한 공감교육이 우리나라에서는 어떻게 이루어질까?

가만히 생각해보면 공감교육을 받은 적이 있었나 하는 생각이 든다. 우리 아이들에게도 공감교육이라고 정해놓고 교육을 시키지는 않는 것 같다.

그저 인형을 세차게 흔들거나 바닥에 쿵쿵 내리칠 때 "아야! 아야! 인형 아야 해" 하는 정도나 넘어지거나 다쳤을 때 "아파? 아프겠다, 엉엉 슬프다" 정도로 이는 교육이라기보다 자연스럽게 경험으로 터득해 나가는 경우뿐이지 않을까.

공감의 경험마저도 아이 스스로 무언가 할 수 있는 나이가 되거나 고집을 부리는 나이가 되면 줄어든다.

초등학교 1학년 아이가 학교에서 휴대폰을 잃어버렸다. 아이는 휴대폰이 없다는 사실을 알고 학원 선생님의 전화기를 빌려 엄마에게 전화했다.

"엄마, 깜빡하고 학교에 휴대폰을 두고 왔어."

엄마는 앞뒤 상황을 물어보지도 않고 차갑게 한마디 던진다.

"너 저녁에 맞아 죽을 줄 알아!"

아무 말도 하고 싶지 않다. 이렇게 글을 쓰면서도 가슴이 아려온다. 엄마도 속이 상해서 그랬겠지 하기에는 너무 과하다. 이 아이는 자신에게 휴대폰이 없다는 사실을 알고 얼마나 놀랐을까. 안 그래도 놀란 가슴에 엄마가 맞아 죽을 줄 알라는 말로 비수를 꽂았다.

이렇게까지 과하지는 않아도 우리가 흔하게 저지르는 실수가 있다. 아이가 울 때 시끄럽다거나 울음소리를 듣고 싶지 않다는 이유로 "뚝!" 하고 말하며 아이의 감정을 인정해주지 않고 참도록 만든다. 그것은 감정 억압이다. 아이에게 맞아 죽을 줄 알라는 말을 하는 것과 울음을 뚝 그치게 하는 이 두 경우는 다른 것 같아도 똑같이 감정을 억압하고 학대하는 것이다.

아이에게 엄마가 이렇게 말했으면 어땠을까?

"놀랐지? 속상하겠다. 어디에 뒀는지는 알아? 엄마가 학교에 전화해볼게. 같이 찾아보자."

아이가 실수는 했지만 엄마에게 공감받은 느낌에 안도감이 생기고 다음부터 더 잘 챙겨야겠다는 교훈으로 받아들이지 않을까?

이러한 순간에 어떻게 대처하는가가 아이의 성격 형성에 큰 영향을 미친다. 이는 자신의 물건을 잘 챙겨야 한다는 깨달음과 공감의 경험으로 남을 수도 있고, 엄마가 두려움의 대상이 되며 비난과 공격을 당한 경험이 될 수도 있다. 모두 엄마의 태도에 달려 있다.

정신과 전문의 정혜신 작가는 《당신이 옳다》라는 책에서 이렇게 말했다.

⠿ 엄마의 말투

"우울증은 병이 아니라 삶 그 자체이며 우울증을 극복하기 위해 병원 처방보다 중요한 것이 '당신이 옳다' '마음은 언제나 옳다'라는 공감이다."

이렇듯 공감은 참 중요한 능력이다. 그렇다면 우리가 공감을 잘하기 위해 필요한 것은 뭘까? 사람들은 이 질문에 '잘 듣는 것' '마음을 담아 듣는 것' 등 경청을 잘해야 한다고 말한다.

경청을 어떻게 해야 하는지 많은 지침들이 있지만 실천하기란 쉽지가 않다. 그렇다 보니 배운 대로 실천한다고 노력을 하지만 결과는 생각대로 되지 않고 오히려 어색하고 불편하다.

쉽게 이야기하지만 실천하기 쉽지 않은 경청을 어떻게 해야 하며, 왜 경청을 해야 하는지를 정확히 이해해야 공감이 쉬워진다. 공감하기란 상대의 이야기를 잘 들어 그대로 인정하며 대화 중에 자신의 감정을 인지해 그것을 잘 전달하는 것까지를 말한다. 즉 경청과 인정, 인지와 전달이 순조롭게 순환이 되어야 건강한 대화와 소통이 가능하다. 이렇듯 경청과 인정, 인지와 전달이 순환되는 것을 앞에서도 말했지만 '공감순환법(공순법)'이라고 한다.

어느 것이 먼저라고 정해놓지 않았지만 경청, 인정, 인지, 전달 네 가지 공감 방법이 순환되어야만 공감하고 공감받는 건강한 상태가 된다.

어느 고등학교에서의 일이다. 한 학생이 친구들과의 관계에서 하고 싶은 말들을 잘 못하고 혼자 속으로만 끙끙거리다가 도저히 참을 수 없는 상황이 되자 '학교를 그만둬야겠다'는 결정을 내렸다. 친구들과의 소통이 원활하지 않아 힘이 들었던 것이다.

학교에 자퇴서를 제출하기 전에 위 클래스(학교 내 상담센터)에서 상담을 진행하는 중 혼자만의 시간을 보내면서 생각했다.

'내가 왜 친구 문제로 내 인생의 중요한 부분을 포기해야 하는 걸까? 그냥 친구들은 신경 쓰지 말고 학교에 다녀야겠다.'

이렇게 생각하고는 다시 학교로 돌아갔다. 이후 학교 상담센터의 도움을 받아 관계를 회복하기 위해 마음이 상하고 섭섭했던 일을 이야기할 기회가 생겼다. 친구들과 함께 둘러앉아 "… 해서 내 마음이 상했어. 그래서 조금 섭섭했어"라고 속상함을 전했다.

어떻게 되었을까?

이 이야기를 들은 친구들은 하나같이 이렇게 말했다.

"너보다 내가 더 섭섭했어!"

"나도."

"… 해서 섭섭하고 … 해서 속상했어."

친구들은 속상한 그 아이의 마음을 들어주려 하지 않았다. 오히려 자신들의 마음을 이야기하기 바빴다. 결국 그 아이는 학교를 포기했다.

　엄마의 말투

친구들이 공감하는 방법을 알았더라면 어땠을까?

"아, 그랬구나. 너는 그랬구나…. 네 입장에서는 그럴 수 있을 것 같아."

이렇게 말해주었다면 어땠을까? 그렇게 마음에 공감할 수 있었다면 서로의 입장을 이야기하며 조금 더 나은 관계로, 또 그 학생이 좋은 추억을 쌓으며 학교생활을 할 수 있지 않았을까?

미성숙한 학생들이라 친구의 마음을 경청하고 공감하는 능력이 부족할 수 있다. 한참 많은 것들을 경험하고 배우는 시기이기에 학생들과 함께하는 어른인 엄마나 선생님의 몫이 참 크고 중요하다. 학생들끼리 듣고 공감할 방법을 알려주고 서로 따뜻하게 소통하며 문제를 해결하는 경험을 하도록 도와야 한다. 학교에서는 선생님이, 가정에서는 부모가.

그중에서도 엄마가 아이의 마음에 공감을 많이 심어주어야 한다. 공감받은 경험이 많은 아이가 공감을 할 줄 알고 공감을 받아보지 못한 아이는 역지사지(易地思之)가 안 된다. 그러니 어렵다고 엄마가 먼저 공감하기를 포기해서는 안 된다.

앞 사례에서 단 한 명의 어른이라도 학생들의 마음에 관심을 가졌다면 어땠을까? 학생들의 이야기에 귀 기울여 끝까지 들어주고 또 그 마음에 온전한 인정의 순간(공감)이 있었다면 상황은 달라졌을 것이다.

더 중요한 것은 전달이다. 말하는 방법을 알고 말투가 좋다면 상황이 조금 더 나아졌을 것이다. 처음부터 관계가 좋지 않은 사이가 아니라 친하게 지냈던 친구였다. 각자 자신의 마음을 전할 때 네 마음에는 공감하지만 내 마음은 조금 속상했다는 말투였다면 분명 서로 이해하는 화해가 이루어졌을 것이다.

흔히 '한국 사람의 말은 끝까지 들어봐야 안다'고 한다. 아이의 말도 끝까지 들어야 한다. 말하는 아이의 마음이 어떠한지 그 마음까지 귀 기울여 듣고, 그대로 인정해야 충분히 공감받았다고 느끼게 된다.

공감순환법에서 첫 순서는 어느 것에서 시작하든지 경청, 인정, 인지, 전달의 순환이 이루어져야 한다. 경청하고 인정한 후 자신이 잘 다스려왔던 욕구를 알아차려야 한다. 자신이 어떤 감정에 놓여 있는지 무엇을 전달하고 싶은지 알기 위해 자기 마음에 귀 기울여 내면의 이야기를 들어주는 것이 인지 단계다. 인지에서 자신의 욕구를 파악하면 적절한 방법으로 마음 또는 욕구를 상대에게 전달한다. 흔히 우리가 아는 아이 메시지(I message), 즉 나 전달법으로 한다.

나 전달법은 문제의 주체를 상대에게 두고 상대의 잘못을 지적하거나 비난하기보다 주체를 나에게 두고 내 감정이나 느낌을 전달하기 때문이다.

나 전달법은 생각처럼 실천하기가 쉽지 않다. 어떠한 상황에서 갑

　　　　　∴ 엄마의 말투

작스럽게 사용하기 어려울 수 있으니 평소 다양한 상황에서 연습해 두어야 한다. 그리고 마음을 전달할 때에는 질문 형식이 좋다.

영재는 양치하는 것을 싫어한다. 평소 챙기지 않으면 양치를 하지 않아 배시시 웃는 모습에서 황금 이를 볼 기회가 잦다. 그 상황에서 불쑥 말이 튀어나온다.

"양치해! 너는 왜 이렇게 양치를 안 하니?"
"또 양치 안 했어? 더럽잖아. 양치 좀 해!"
"너는 이가 다 썩어서 없어봐야 양치를 할래?"
"어쩌자고 이렇게 양치를 안 하냐?"

'속이 상한다'는 마음을 이렇게 비난과 협박의 말로 표현할 수밖에 없어서는 안 된다. 너무 걱정되고 화가 나지만 마음을 보듬고 공감하며 나 전달법에 질문을 더해 대화를 시도해본다.

"양치하기 귀찮지? 나도 그럴 때 있어."
"엄마는 네 이가 상해 아플까 걱정이 되는데 이가 아픈 적은 없니?"
"이가 상하면 아프기도 하고 맛있는 음식도 먹기 어려울 텐데 하는 생각에 걱정이 돼. 치료도 힘들 텐데 괜찮겠어?"

"아이고, 우리 아들 잘생긴 얼굴에 웃을 때 이가 하얗게 반짝이면 엄마 기분이 너무 좋을 것 같아. 엄마 기분이 좋아지도록 도와주겠니?"

참 신기하게도 야단치면서 강압적으로 양치를 시킬 때보다 더 깨끗이 양치를 잘하고 나오는 기적 같은 일이 일어난다. 화낼 일도, 감정이 상할 일도, 걱정할 일도 없어진다.

그렇게 경청하고 인정하며 자신의 감정을 인지하고 잘 전달하는 순환이 이루어져야 하는 것이 공감순환법, 즉 '공순법'이다.

아이가 잘못한 순간이
마음을 전달할 기회다

아이는 엄마를 보며
타인과의 소통 방법을 배운다.

"영재야, 이제 일어나야 해. 일곱 시 오 분이야."

살며시 아들에게 다가가 팔과 다리를 쓰다듬으며 말했다. 분명 알
람을 맞추고 자는 것을 봤는데 알람이 울리지 않았다. 뭔가 잘못되었
을 것이다. 알람을 맞추기는 했지만 켜두지 않았거나 알람을 끄고 다
시 자고 있거나 했을 것이다.

잠시 기다렸다. 다시 한 번 깨웠다.

"아들, 피곤해서 못 일어나는가 보다. 아이고, 많이 피곤하지? 그래
도 일어나야 해. 학교 버스 놓칠까 봐 걱정돼."

"…"

아들은 누워서 내 이야기를 다 듣고 있으면서도 아무 반응이 없다.
가슴이 답답해져오면서 화가 슬슬 나기 시작했지만 화는 내지 않기

로 다짐했으니 공순법, 공순법 하고 머릿속으로 곱씹으면서 마음을 다독였다.

"영재야, 이번이 엄마의 마지막 알람이야. 알아서 일어나, 이제 알람 없어."

시간은 흘러가고 속은 다 타들어가는데 아들은 일어날 생각이 없어 보인다. 평소에는 벌떡 일어나 준비해서 차려놓은 밥까지 먹고 가는 아이가 오늘은 왜 저러는 것일까? 그리고 분명 깨어 있는데 일어나지 않는 이유는 뭐며 왜 저러고 누워 있는 걸까? 혼자 속으로 이 생각 저 생각을 하면서도 다시 알람이 없다고 했으니 이러지도 저러지도 못하고 애만 태웠다. 때마침 재채기가 나와 알람을 대신하고도 잠시 시간을 흘려보냈다.

아들은 버스가 도착했을 시간쯤에 일어나 헐레벌떡 교복을 입고는 책을 읽는 내 앞에 와 앉았다.

"엄마, 나 좀 태워주면 안 돼?"

'이런 괘씸한지고. 이놈이 이 수작을 쓰려고 안 일어나고 버틴 거구나. 5분만 일찍 일어났어도 이런 일은 없는데.'

속에서 울화통이 치밀었다. 상담하고 공순법을 전하는 사람이 화내는 것이 답이 아님을 알면서 버럭 하며 화를 낼 수도 없고 잔소리 폭탄 세례를 퍼부을 수도 없으니 숨 막힐 정도로 답답하고 화가 났다.

공순법의 순서고 뭐고 그냥 확 꿀밤이라도 한 대 때려야 속이 조금

엄마의 말투

이나마 풀릴 듯한데 어찌할 수 없어 답답하기만 했다. 심호흡을 두세 번 한 후 마음을 가다듬고 말했다.

"아니, 안 돼. 태워줄 수 없어. 버스를 타든 택시를 타든 네가 알아서 가야 해."

눈에서 레이저를 뿜으며 말했다. 소리 칠 수도 없고 화가 난 것을 알릴 방법은 그것밖에 없었다.

'엄마 속상해. 분명 깨웠는데 이렇게 누워 늦장부리다 차를 놓치면 너를 깨워준 엄마가 얼마나 섭섭하겠니?'라고 말하다가는 더 화가 치밀어 오를 것 같았다. 그래서 나름 표정 관리한다고 하면서 눈에 힘만 준 것이다.

그것도 잠시, 혼자 끙끙거리며 어찌할 바를 몰라 하는 아들을 보고 있자니 금세 화는 어디 가고 참 딱하다는 생각이 들었다. 버스 타는 방법을 모르고 택시는 혼자 한 번도 안 타봤으니 난감하겠다는 생각에 그냥 태워주고 싶은 마음이 굴뚝같았다. 그런데 그렇게 태워주면 오히려 아이를 망치는 길이니 어찌하면 좋을지 머릿속으로 이래저래 궁리를 했다.

"엄마, 태워주면 안 돼?"

"… 영재야, 엄마가 너를 학교에 그냥 태워줄 수는 없어. 그게 너를 돕는 것이 아니라 오히려 나쁘게 하는 것임을 엄마는 알거든. 엄마가 널 태워줄 수는 없지만 도와줄 수는 있어. 너 택시 타는 법 알아? 버스는?"

"몰라."

"그럼 어떻게 하면 그 방법을 알 수 있을까?"

"엄마, 버스나 택시 타는 법 좀 가르쳐주세요."

아들은 휴대폰이 없다. 그리고 집에는 컴퓨터가 없다. 그래서 혼자 검색하거나 찾을 수가 없었다. 나는 버스 타는 법과 택시 타고 가는 길과 비용을 검색하고 차근차근 알려주었다. 내가 생각해도 버스를 타고 환승하며 학교에 가기는 너무나 어려워 보였다. 그럼 택시를 타고 가는 방법밖에 없는데 시골학교를 다니는 터라 만오천 원가량 나오는 택시비가 또 아깝다는 생각이 들었다.

이 문제를 해결할 방법은 질문밖에 없다는 결론을 내리고 눈앞에 보이는 휴지를 한 칸씩 다섯 칸을 뜯어 질문을 적기 시작했다. 그사이 멍하니 앉아 있는 아들은 걱정이 없어 보였다.

"영재야, 너 그거 아니?"

"뭐?"

"너 이제 곧 지각이야. 너 지각하면 출석부에 지각이라고 체크가 되고 그 지각이 세 번이면 결석 처리돼. 그럼 너의 학교생활 기록부에 그게 다 기록이 돼."

아들의 눈이 똥그래졌다. 몰랐던 사실을 알게 된 듯 큰 눈을 하고는 묻는다.

"엄마, 어떡해?"

"자, 이거 하나씩 열어서 읽어볼까?"

그러면서 휴지 한 칸에 하나의 질문을 적어 구겨놓은 것을 내려놓았다. 아들이 휴지 하나를 들고 펴서 읽었다.

"돈을 남한테 주지 않고 학교에 갈 방법은 뭘까?"

갑자기 아들 얼굴에 화색이 돌았다. '이놈, 알아차렸구나' 싶었다.

"뭘까?"

"엄마, 택시비 엄마한테 줄 테니까 학교에 좀 태워줘."

"생각해볼게. 다음에 어떤 거 선택할 거야?"

영재는 테이블에 놓인 질문 휴지를 또 하나 들고는 질문을 읽고 답을 말했다.

"등교 차를 놓치고 학교를 빠르게 가야 한다면 앞으로 어떤 방법을 택할 것인가? 일찍 일어나서 학교 등교버스를 안 놓쳐야지."

"그래? 멋진 생각이네."

또 다른 휴지를 들어 폈다.

"엄마한테 해야 할 말이 있지 않을까? 엄마, 죄송합니다."

"그래, 엄마가 아침에 일찍 일어나서 너 깨우고 밥까지 차려줬는데 얼마나 섭섭했겠어. 그래도 죄송하다고 해줘서 고마워."

"응. 학교에 도착해 선생님을 만나면 뭐라고 말해야 할까? 죄송하다고."

"그렇지. 등교시간도 약속인데. 맞아, 늦어서 죄송하다고 말씀드려야겠지?"

"응. 그다음에… 나는 오늘 어떤 교훈을 얻었나? 음… 늦게 일어나면 안 되고 학교 차를 꼭 타고 가야겠다."

"영재야, 오늘은 엄마가 택시 운행을 할 거야. 그런데 또 네가 늦장 부리다 늦을 경우 택시비를 줘도 안 태워줄 거야. 알겠니? 중학생, 등교 준비는 스스로 알아서 하는 거예요."

"네."

"자, 저희 택시를 이용해주셔서 감사합니다. 손님, 이제 곧 출발할 예정인데 택시비부터 지불하시죠?"

"네, 여기 있습니다."

"네, 고맙습니다. 이제 출발합니다."

나는 아들과 차를 타고 이동하면서 마음과 생각을 주고받으며 서로를 조금 더 이해하는 시간을 가졌다.

화가 나는 순간에 화를 낸다고 문제가 해결되지는 않는다. 오르락내리락 속에서 열이 열댓 번은 더 올랐다 내렸다 하지만 이 또한 바르게 가르쳐줄 기회다. 화는 또 다른 화를 부를 뿐 해결방법은 아니다. 이 방법이 옳다 그르다를 떠나 화가 나는 상황에 화를 내지 않고 잘 다스려야 한다. 그리고 문제의 해결방법을 찾아야 한다.

엄마가 아이로 인해 화가 나는 순간, 무작정 화를 내면 아이는 엄마가 화를 내는 이유를 잘 알지 못한다. 엄마가 생각을 또는 감정을 말로 전하지 않으면 아이가 엄마의 생각도 감정도 알아차릴 수 없다. 그러면 똑같은 상황이 반복된다. 결국 엄마는 '도무지 말을 안 듣는 아이'라는 결론을 내리게 된다.

화를 내기보다 감정이나 느낌, 생각들을 솜씨 좋은 말로 잘 전달하면 엄마의 마음에 공감할 줄 아는 아이가 될 것이다. 아이는 그런 엄마를 보며 타인과의 소통 방법을 배운다.

희생하지 않는 엄마가 아름답다

아이는 희생하지 않는 엄마를 통해 세상에 도움을 요청하는 법도 배우고
자신을 사랑하고 아끼는 방법도 배운다.

분명 나는 꽃다운 나이 스물네 살이었는데… 어느새 마흔, 불혹의 나이를 지나고 있다.

아이를 키우다 보면 훌쩍 지나가 버린 세월이 원망스러운 순간을 한 번쯤은 마주하게 된다. 엄마들이 자신의 소중한 세월을 내어놓고 마음을 담아 키운 아이가 평범하지 않은 모습을 보이면 상담을 와서는 아이보다 엄마의 인생 상담을 하기도 한다.

"남편은 남편의 삶이 있어 보이는데… 아이도 아이의 삶이 있어 보이는데… 엄마인 나는… 내 삶은 없는 것만 같아요."
"결혼을 하고는 남편 위주의 식탁을 차리고 아이를 낳고는 아이 위주의 식탁을 차리는 것이 당연한 삶이 되어버렸어요."

∴ 엄마의 말투

"나는 아이 키우기에 집중했을 뿐인데 세상은 나에게 '경단녀'라는 이름표를 주고 나는 무언가 새로 시작해야 하는 것이 두려워졌어요."

엄마들이 흔히 하는 말이다. 이런 마음이 들 때 감정은 어떤지 물어보면 속상하고, 억울하고, 슬프다며 때로는 눈물을 훔치기도 한다.

누군가는 남편에게 자신의 상황이 답답해 하소연하듯 말해보았다고 한다.

"자기야, 나 애 키우고, 살림하며 사느라 아무것도 못한 게 후회스러워. 지금이라도 뭘 해보려고 해도 막막하고 할 수 있는 일이 없어. 그래서 너무 속상하다."

"그냥 하던 대로 살아. 뭘 하려고 하냐. 네가 뭘 속상해, 집에서 편하지. 밖에 나와서 일하는 여자들이 얼마나 힘든지 아냐? 그냥 하던 대로 살아. 쓸데없는 짓 하지 말고."

남편은 자신의 마음을 모르고 이해도 하지 못한다며 하소연한다.

"내가 저런 사람을 남편이라고 챙기고 믿고 살다니 내 자신이 한심스러워요, 선생님."

그렇게 결국 자신이 부족하고 바보 같다며 스스로를 더 못난 사람으로 만들고는 '그냥 살던 대로 살아야지' 하며 일상으로 돌아간다. 이러한 마음은 주기적으로 돌아오고 그럴 때마다 속상하고 슬프다. 왜 이런 상황들이 되풀이되는 걸까?

어느 남편의 말이다.

"누가 그렇게 살라고 했어? 네가 선택한 거잖아. 처음부터 일하지. 그랬으면 경단녀도 안 되고 나도 혼자 고생 안 했을 거 아냐."

아이들도 어느 정도 크면 엄마의 '너 생각해서… 너 위해서…'라는 말에 이렇게 대꾸한다.

"누가 챙겨달라고 했어? 엄마가 좋아서 한 거잖아. 좋으면 엄마나 해. 나는 싫어."

한 번은 초등학생들과 이야기를 하는 중에 들은 말이다.

"엄마가 맛있다고 챙겨놓는 음식은 다 맛이 없어요. 엄마한테 맛있는 건 엄마 혼자 먹었으면 좋겠어요. 그런데 엄마는 자꾸자꾸 나 먹으라고 챙겨요. 나는 먹기 싫은데."

먹기 싫은 음식을 엄마는 아이 생각하며 챙겨두고 아이는 그 음식이 맛이 없어 먹기 싫고. 결국 엄마가 아이 생각해서 챙긴 마음은 고마움이 아니라 귀찮고 싫은 것이 되어버린다.

나를 희생하고 가족을 생각했던 마음이었는데… 희생하는 엄마가 좋은 엄마인 줄 알고 그렇게 살아왔는데… 세월이 흘러 엄마인 나에게 남은 것은 희생의 흔적뿐. 그렇게 예쁘고 사랑스럽던 모습은 어디 갔는지 지금은 볼품없고 너무나 한심하게 느껴진다.

엄마라면 짠하게 느껴지는 비슷한 감정에 울컥할지도 모르겠다.

엄마들은 각자의 방식으로 희생한다. 그것이 책임감 있는 엄마의 몫이라 생각한다. 힘들어도 참고, 아파도 움직여야 하고, 슬퍼도 이겨내야 하는 엄마.

아이를 다 키워놓고 나면 보람되고 뿌듯한 순간도 있다. 그렇지만 과정 중에는 이런 어려움들이 삶을 너무 힘겹게 한다. 사실 아이가 크면 알아서 살아가기에 괜찮은 듯 보이지만 아이는 엄마와 같은 고민을 대물림한다. 겉으로 드러나지 않아 엄마는 이를 모를 수 있다.

엄마의 삶, 아이의 삶 그리고 그 아이가 부모가 되었을 때의 삶을 자세히 들여다보면 닮은꼴의 패턴이 보인다. 엄마가 희생했던 만큼은 아니어도 아이들은 또 다른 방법으로 참고 희생한다.

이것이 엄마가 희생이 아닌 공생의 삶을 살아야 하는 이유다. 엄마가 모든 것을 참고 견디며 아이에게 맞춰주는 것을 누리며 산 아이가 엄마의 희생을 당연하게 여기거나 배우게 해서는 안 된다. 엄마는 아이를 위하고 챙기면서도 엄마 자신의 소중함과 스스로를 사랑하는 모습을 드러내고 필요하다면 자녀에게 도움을 요청해야 한다.

엄마가 전전긍긍 아이만을 챙기지 않았으면 좋겠다. 엄마를 위한 시간도 가지고 엄마 자신을 위한 음식도 차리며 아이들이 할 수 있는 것들을 부탁하며 살아가자. 아이들은 엄마의 삶을 보며 부탁하는 힘이 생기고, 자신을 아끼고 사랑하는 법을 배운다. 그래서 아이들도 희생이 아닌 공생의 삶을 살 것이다.

그래서 희생하지 않는 엄마가 몸도 마음도 아름다워진다.

오늘은 엄마 자신과 이렇게 대화를 시도해보면 좋겠다.

"오늘 기분은 어때?"
"오늘 뭐하고 싶니? 먹고 싶은 것은 없어?"

나는 무얼 좋아할까? 나는 무얼 하고 싶을까? 좋아하는 것을 하든 좋아하는 음식을 만들든 그렇게 자신과 대화하고 알아차린 것을 실천해보길 바란다. 그리고 그렇게 한 것을 아이에게 알려주자.

"오늘 엄마는 **가 먹고 싶었어. 그래서 엄마가 먹고 싶은 **을 만들어서 엄마에게 선물했어."
"엄마는 오늘 엄마에게 선물 주는 날이야. 엄마가 하고 싶은 것을 한 가지 했어. 그래서 기분이 좋아."

스스로 자신의 감정과 느낌, 욕구를 인지하고 자신에게 선물을 하며 행복을 가꾸는 엄마가 되어야 한다. 아이들은 엄마의 그 모습을 통해 엄마가 무엇을 좋아하는지 알고 자신을 보듬고 챙기는 법을 배우며 상대를 배려하는 힘까지 키운다.

또 엄마의 마음과 생각을 아이에게 고운 말투로 잘 전달하는 것은 아이가 엄마를 한 번 더 생각하고 엄마 마음에 공감할 기회를 준다.

6장

눈만 마주쳐도 아이 마음을 읽어내는
엄마의 말투

자식 키우기란 자녀에게 삶의 기술을 가르치는 것이다.

_일레인 헤프너(Elain Heffner)

노을은 해님이 주는 마지막 선물이에요

아이의 언어에는 신비한 마력이 있다.
시적 감수성이 밴 아이의 언어에 감동할 줄 아는 엄마가 되어야 한다.

"노을은 해님이 주는 마지막 선물이에요."

호기심 가득 똘망똘망 귀엽게 생긴 남자아이의 말이다. 가슴을 찡하게 울리는 여운을 주는 한마디. 어떻게 이런 귀한 말을 할 수 있을까. 어딘가에서 보거나 들은 이야기라 할지라도 아이의 마음이 담긴 이 한마디가 감동을 일으켰다.

나는 아이들의 언어를 병이라고 할 정도로 사랑한다. 작고 빠알간 앵두 같은 입술로 쫑알쫑알 전하는 말들이 너무나 사랑스럽다. 그래서 내가 운영하는 창의미술학원에서 중요하게 지켜야 할 선생님들의 지침이 있다.

'아이들의 이야기를 관심 있게 듣고 기록하기.'

아이들의 언어에는 어른들은 감히 상상도 할 수 없는 신비한 마력이 있다. 규정 없이 자유롭게, 딱 그 시기에만 가능한 말하기이기 때문이다. 아이들의 언어에는 시적 감수성이 고스란히 배여 있다. 그 귀한 말들을 놓치고 지나가는 것은 참으로 안타깝다. 그래서 기록하기 지침이 생긴 것이다.

아이는 자라고 그 귀한 언어는 사라진다.

나는 아이들의 생각을 존중하고, 그 아이들의 언어에 감동할 줄 아는 어른이 되어야 어른의 삶도 아이처럼 행복해진다고 여긴다. 우리 어른들은 아이들을 가르치고 바르게 이끄는 역할만 해서는 안 된다. 어른이라는 책무를 내려놓고 아이들에게 배워야 하는 것들도 많다. 그러기 위해서는 아이들의 언어에 귀 기울여야 하며 관심 있게 듣고 질문해야 한다.

어른들은 아이들의 언어를 오해와 착각으로 듣는다. 호기심을 가지고 질문해야 말에 숨은 아이의 느낌과 생각을 들을 수 있는데 어른 식으로 해석하고 지나쳐버리는 실수를 쉽게 범한다.

어른들은, 아니 어른 중에서도 특히 엄마들은 아이들의 말에 아이 같은 호기심을 가지고 있어야 한다.

다섯, 여섯 살쯤 되어 보이는 아이와 엄마가 대화를 했다.

"엄마, 물고기는 물에서 나가면 살 수 없어."

"그래, 맞아."

"엄마, 물고기는 물에서 나가면 살 수 없지?"

"응, 맞아. 물고기는 물에서 나가면 죽어."

"엄마, 왜 죽어?"

"물고기는 물에서만 살 수 있는 거야."

옆에서 엄마와 아이의 대화를 듣다가 내가 아이에게 질문했다.

"물고기는 물에서 나가면 왜 살 수 없을까?"

"가족을 잃으니까 못 살아요."

더는 무슨 말이 필요할까? 엄마는 아이가 말하는 이유를 상상이나 했을까? 하마터면 가족의 소중함을 아는 아이의 생각을 알지 못하고 지나칠 뻔했다.

때로는 아이가 어른들의 말과 행동을 베껴 사용하는 안타까운 경우도 있다. 조금만 아이다움을 자극하면 금세 아이들만의 매력을 발산하지만 늘 마주하는 엄마의 말과 행동이 고스란히 아이들의 몸과 마음, 생각에 배어버린다.

우리 센터 부원장님이 한 아이에게 상처받았다며 한 이야기다.

어떤 아이가 3년 즈음을 다니다 시간이 부족해서 수업을 그만둬야 하는 날이었다.

"선생님, 3년 동안 잘 가르쳐주셔서 감사합니다."

"아… 유진아, 선생님 감동해서 눈물이 날려고 해."

그때 옆에 있던 초등 2학년 아이가 선생님 말을 바로 받아 툭! 하고 한마디 던졌다.

"선생님, 오버하지 마세요."

마음이 짠… 해져 진심으로 한 말이었는데 오버하지 말라는 한마디에 촉촉해졌던 눈시울이 순간 메말라버렸다고 한다.

아이들과 함께하다 보면 마주했던 아이의 엄마 모습이 오버랩되는 경우가 많다. 엄마의 언어가 곧 아이의 언어가 되는 것이다. 아이의 언어가 어떻게 저럴까 싶어 물어보면 이런 대답이 많다.

"우리 엄마가 그랬어요."

하루는 일곱 살 남자아이와 잠시 이야기를 나누었다. 어떤 질문도 하지 않았는데 아이가 먼저 말을 걸어온 것이다.

"선생님, 저 옷 잃어버리면 어떻게 되는지 아세요?"

"어떻게 되는데?"

"엄마한테 처 맞아 죽어요."

순간 귀가 의심스러웠다.

"뭐라고? 처 맞아 죽는다고?"

"네. 처 맞아 죽어요."

"어떻게 알아? 아닐 수도 있잖아."

"아니에요. 우리 엄마가 그랬어요. 엄마는 맨날 나한테 '처 맞아볼래?'라고 말해요. 그러니까 처 맞아 죽죠."

마음이 아린다는 표현이 맞을 듯하다. 가슴이 먹먹해 뭐라 말할 수도 없었다. 상담 중에 들은 이야기가 아니라 그 아이 엄마에게 이야기를 건넬 수도 없고 전후사정을 다 들은 것이 아니니 아이에게 도움이 될 만한 이야기도 할 수 없었다. 그저 이 말밖에 할 수 없었다.

"그래, 엄마한테 야단맞지 않게 옷 잘 챙겨보자."

아이가 최소 20년 이상을 듣고 배우는 엄마의 말. 어떻게 말해야 하는지 잘 생각해보아야 한다. 처 맞아 죽는다 보다 '노을은 해님이 주는 마지막 선물'이라는 감성적인 언어를 사용하는 아이로 살아가게 하기 위해 엄마는 어떻게 해야 할까?

우리 엄마들이 사용하는 언어 습관을 한 번쯤 성찰하고, 예쁘고 좋은 언어를 사용하며, 아이의 언어에 귀 기울이고 관심 있게 듣고 질문하는 말투 좋은 엄마가 되어주면 좋겠다.

아이의 언어로 질문하기

아이의 말에 엄마는 어떻게 반응해야 할까요? 엄마의 입장에서 아이의 말은 아무 말 대잔치처럼 여겨질 수 있습니다. 앞뒤가 맞지 않고 이해도 되지 않는 내용이라 해도 아이의 말에 깊은 관심을 가지고 들어주며 질문하는 것이 중요합니다.

엄마는 이미 성인이 되는 과정 중에 많은 것을 경험으로 터득했고 또 많은 것을 배워 익혔습니다. 그러나 아이는 경험과 배움이 부족하지요. 그래서 엄마의 앎과 아이의 앎이 다르다는 것을 당연히 알고 있을 겁니다. 하지만 엄마의 앎으로 아이의 언어를 이해하거나 해석하려 하지 말고 질문하는 엄마가 되어야 합니다. 질문도 그냥 질문이 아닌 아이의 마음에 공감(인정하고 전달)하는 질문을 하면 좋겠습니다.

예를 들어보면 이렇습니다.

"엄마, 나 꽃 사주세요."

"무슨 꽃?" / "왜?" / "잘 키울 수 있어?"

보통 엄마들은 이렇게 대답을 합니다. 아이가 꽃을 사달라고 할 때는 아이에게 어떠한 이유가 있습니다. 그 이유에 호기심을 가지고 질문하는 것이 공감의 시작입니다. 그것이 아이의 마음과 생각, 언어를 성장

시키기도 하지요. 꽃을 사달라고 하는 아이에게 이렇게 질문을 해보면 좋겠습니다.

"꽃을 갖고 싶은가 보구나. 어떤 꽃을 갖고 싶니?"

이 질문에는 공순법의 인지와 전달의 방법이 담겨 있습니다. 아이의 언어를 통해 아이의 마음을 인지하고, 엄마의 호기심어린 마음까지 인지하고 다시 질문하는 것입니다.

사람이 태어날 때부터 가진 특이한 기질보다 더 강한 것이 바로 '습관'입니다. 머리로 아는 내용을 '흔하다' '알고 있다'라고만 생각할 것이 아니라 실천하고 연습해서 습관으로 만들어야 하지요. 엄마의 품위 있는 말투는 노력이 있어야 완성이 됩니다. 말투가 좋은 엄마가 되어보기를 응원합니다.

고전 호메로스의 《일리아스》는 엄마의 말투를 배우기에 참 좋은 책입니다. 호메로스는 무언가를 칭할 때 꼭 앞에 꾸밈말을 붙이지요. 아들을 '사랑하는 아들'이라 칭하고 밤하늘을 '별이 총총한 하늘'이라고 합니다. 이를 아이들과의 일상 대화에 적용하면 참 좋겠지요?

내 아이들에게도 적용하려 노력해보았더니 어느 날 아들이 이렇게 말했습니다.

"엄마가 참 좋아하는 구름이 예쁜 하늘이야!"

아이의 이름을 다정하게 불러주는 엄마

부정적 관심도 관심이라 느끼는 아이는 차라리 혼날 일들을 반복해
관심을 받고자 하기도 한다. 이를 통해 간혹 엄마가 아이의 좋지 않은 행동을 부추기고
그 행동을 고착화시키기도 한다.

"준오야! 김준오! 너 엄마가 부르는데 왜 대답을 안 하니?
엄마가 부르는 소리 들었어, 못 들었어?"

엄마는 애타게 아이를 부르고 아이는 엄마가 부르는 소리에 전혀
반응이 없다.

"준오야, 하지 마!"

"…".

"준오야, 하지 말라고!"

"…".

"선생님, 쟤가 저래요. 아무리 말을 해도 들은 척도 안 해요. 하지
말라고 하는데 오히려 더해요. 그러니 화를 낼 수밖에 없죠."

아이에게 다가가 살며시 질문을 했다.

"재미있어?"

"네."

"뭔데? 재미있는 거 선생님도 같이 보자."

"싫어요."

"그래? 싫어? 알았어."

아이는 하던 행동을 계속하면서 옆에 앉은 나를 돌아보지도 않는다.

"준오, 화났니?"

"네."

"아… 준오가 화가 나서 나 안 보여주는 거구나?"

"네."

"준오야, 그럼 준오 화가 나서 대답도 안 하고 하지 말라고 하는 걸 계속하는 거니?"

"아니요. 화가 나서 대답 안 한 거 아니에요. 엄마가 화내서 대답 안 했어요."

"아! 엄마가 준오야! 하고 부른 게 화낸 것처럼 느껴졌니?"

"네. 엄만 맨날 그렇게 화내요."

"준오야, 그럼 엄마가 부를 때마다 화내는 것처럼 느껴지니?"

"아니요. 가끔은 화 안 내고 부를 때도 있어요."

"그래? 엄마가 화 안 내고 부를 때는 어떤 때일까?"

"심부름 시킬 때요. 너무 귀찮아요. 엄마는 내 심부름 안 하면서 나한테는 자꾸 시켜요. 어떤 때는 놀고 있는데 재미있으려고 하면 하지 말라고 해요."

"준오가 재미있게 놀려고 하는데 엄마가 심부름 시키시는구나."

"네."

"그럼 준오는 엄마가 준오 이름 부를 때 어떤 기분이 들어?"

"짜증 나요."

"준오야, 엄마가 준오를 부르는데 대답을 안 하면 어떻게 되니?"

"혼나죠."

"그럼 혼나지 않으려면 어떻게 해야 할까?"

"대답하고, 하지 말라면 안 해야 해요."

"준오 다 알고 있네? 준오가 아는 대로 실천만 하면 되겠네?"

"아니요. 그냥 혼나면 돼요. 내 마음대로 할래요."

어쩌다 이 아이가 마음이 상하는 혼남을 선택하게 되었을까.

아이가 불러도 대답을 하지 않는다며 답답함을 호소하며 상담을 오는 경우가 종종 있다. 그렇게 상담을 오는 대부분의 엄마는 아이가 말을 잘 듣지 않거나, '산만하다' '별난 아이다'라고 말한다. 오죽하면 자기 아이를 문제가 있는 아이로 만들까 싶다.

이런 아이들은 긴장을 한 탓인지 나와의 상담시간에는 대답을 곧잘 한다. 30분이 넘어가는 동안 앉아서 이야기도 하고 그림도 그리면

∴ 엄마의 말투

서 웃고 소통이 잘된다. 그런 아이들이 엄마가 이름을 부르는데 대답을 하지 않고 하지 말라고 하는 것을 왜 반복해서 할까?

아이들은 안다. 엄마가 이름을 부르면 자신이 하는 행동이 잘못된 행동이고 멈춰야 함을 말이다. 그런데 대답을 하지 않고 행동을 멈추지 않는 것은 재미있어서 그냥 한 번 혼나고 자유롭고 싶은 욕구와 혼나더라도 관심을 가져주는 엄마의 반응 때문이다. 부정적 관심도 관심이라 느끼는 아이는 차라리 혼날 일들을 반복해 관심을 받고자 하기도 한다.

SNS를 통해 보았던 한 사례가 생각난다. 아이가 가지고 놀던 공이 집 앞 도로로 굴러갔다. 아이는 그 공을 주우러 뛰어갔다. 아이 뒤에서 엄마가 빠른 속도로 달려오는 트럭을 발견하고는 아이 이름을 부르며 '멈춰!'라고 소리쳤다. 그러나 아이는 엄마의 말을 듣고도 그냥 도로로 굴러간 공을 향해 달려갔고 결국 트럭에 치이고 말았다.

이 사례를 통해 우리는 엄마의 말이 얼마나 중요한지 다시금 생각하게 된다.

불러도 대답을 하지 않는 아이.

그저 답답해하기만 해서 될 문제가 아니다. 강압적으로 아이가 엄마 말을 듣게 하기보다 엄마를 향한 아이의 신뢰를 되살려야 한다. 그 신뢰를 바탕으로 엄마가 하는 말이 아이의 마음을 움직여야 한다. 어떠한 상황에서도 엄마의 말에 아이가 순종하는 그런 관계가 형성되어야 한다.

엄마들은 아이가 소중하고 잘되었으면 좋겠다는 마음에 간섭하고 통제하고 조정하려 한다. 아이들은 엄마가 자신을 위해 그런다는 것을 이해하지 못한 채 그저 모든 것을 방해하고 거부만 하는 엄마로 받아들인다. 그렇게 엄마와 아이는 부정적인 관계를 형성하게 된다. 여러 번 불러도 대답 없는 아이의 엄마에게 과제를 하나 주었다.

"이름을 부른 뒤에 긍정적인 경험을 하게 하세요."

아이가 옳지 않은 행동을 할 때에는 이름을 부르기보다 빠르게 다가가서 행동을 멈추게 하고 칭찬을 한다.

아이가 좋아할 만한 것을 건넬 때에는 이름을 부르고 준다.

이 과제를 잘 수행한 엄마는 며칠 지나지 않아 아이가 변화를 보이자 신기해하며 다음에는 어떻게 하면 좋을지 질문했다. 두 번째 솔루션으로 아이 마음이 어떤지 아이에게 질문하기를 권했다.

"준오야, 엄마가 '준오야!' 하고 부르면 준오는 기분이 어때?"

이 질문에 아이들의 대답은 조금씩 다르지만 가장 많은 반응은 '몰라'와 '좋아' 두 가지다. 물론 부르는 목소리나 억양에 따라 다르지만 아이들의 반응이 엄마와 아이 관계를 조금은 드러내지 않을까. 이왕이면 '좋아' 하고 답하는 아이가 되도록 노력하는 엄마가 되어야 한다. 그러기 위해 엄마들은 좋은 상황에서 아이의 이름을 다정하게 불러주어야 한다. 그것이 엄마의 말투다.

"준오야, 사랑해."

"준오야, 맛있는 거 먹으러 가자. 뭐 먹고 싶어?"

"준오야, 엄마가 도와줄까?"

"준오야, 엄마는 준오가 그린 그림이 너무 좋아!"

"준오야, 이렇게 준오 이름을 부를 수 있어서 엄마는 너무 감사해."

"준오야, 엄마 아이로 태어나 줘서 고마워."

"준오야, 준오 덕분에 엄마는 행복해."

자기공감이 먼저다

마음에 있는 말과 겉으로 하는 말이 이상하리만큼 다른 엄마들이 많습니다. 그 이유가 뭘까요?

마음의 말과 겉말이 다른 엄마들은 마음의 말을 솔직히 나누는 환경에서 자라지 않았거나 이를 배우지 않았을 가능성이 높습니다. 또는 엄마의 기질이나 성격적인 요소 때문에 낯간지럽고 부끄러워서일 가능성도 있지요.

엄마의 마음이 아이를 향해 어떤 말을 하는지 가만히 귀 기울여보면 좋겠습니다. 그 마음의 말을 솜씨 좋게 다듬어 따뜻한 말투로 아이에게 전달하면 좋겠습니다.

그저 듣기 좋게 꾸며진 말이 아닌 아이를 생각하고 사랑하는 엄마의 마음씨가 담긴 말투로 말입니다. 엄마의 마음과 말이 만나 말투가 됩니다.

엄마라면 보통 이런 마음이 꼭 있을 거라고 생각합니다.

'너는 참 사랑스러운 아이야. 그래서 엄마는 네가 잘되기를 항상 기도한단다.'

이를 마음으로만 생각하지 말고 겉으로 예쁘게 전달해보면 어떨까요?

혹여 마음 같지 않은 상황에 힘겨워 아이가 밉거나 싫다면 그때는 아이가 아닌 엄마에게 이렇게 말해보는 것도 좋겠습니다.

"힘들지? 속상하지? 잠시 쉬어가는 것도 괜찮아. 조금 부족해도 괜찮아. 나는 내가 행복했으면 좋겠어. 사랑한다…."

공순법(공감순환대화법)의 인지와 전달은 아이를 향한 인지와 전달 이전에 먼저 엄마 자신을 향한 마음을 인지하고 스스로에게 전달하는 '자기공감'이 먼저입니다. 그것이 되어야 눈만 마주쳐도 아이의 마음을 읽어내는 말투 좋은 엄마가 될 수 있습니다.

엄마가 변해야 할까, 아이가 변해야 할까?

당신이 아이처럼 되려고 하는 것은 좋으나
아이들을 당신처럼 만들려고 하지는 마라.
_칼릴 지브란

타고난 기질을 좋다 나쁘다로 딱 나눌 수 없는데도 나는 스스로를 부정하고 기대치가 높아 늘 자신이 부족하다 느꼈다. 내 기질에서 약점이 강하게 키워져서 그렇다. 그래서 '어쩌다 이런 기질을 타고나서 이리도 힘들게 살았을까?' 하는 일이 많았다. 상처를 곱씹으며 사는 삶이 얼마나 스스로를 괴롭히는지 알면서도 자꾸 떠오르는 과거들에 힘들어하며 염려와 걱정을 달고 살았다.

그 과정에서 엄마노릇을 선택하고 첫째 아이가 태어났다. 나는 사랑한다는 이유로 내 기질의 약점을 고스란히 아이에게 발휘했다. 누군가는 나에게 계모가 아니냐고 말할 정도로 딱딱하고 차갑게 옳고 그름을 가르치고자 했다. 그것은 알고 보니 사랑을 빙자한 학대였음을 아이가 침묵으로 알려주었다. 예민한 기질의 나는 어려서부터 눈치 보며 살 수밖에 없었던 환경 속에서 더욱 예민해졌고 그렇게 강화된 예민함이 타인의 시선에서 자유롭지 못한 삶을 살게 했다.

세 살짜리 아이가 고집불통 떼쓰기를 할 때면 아이의 마음을 돌아보는 것은 생각도 못한 채 그저 주변의 시선에 예민해져서 어쩔 줄을 몰라 하며 울음을 그치도록 억압할 수밖에 없었다. 스물네 살에 아이를 낳아 아무것도 모른 채 내 기질에 더해진 상처로 아이를 마주하며 지금 생각하면 참으로 많은 실수들을 범했다. 그저 미안한 마음만 한가득이다.

어느 날부터 엄마를 쳐다보지도 않고 말에 대꾸도 없는 아이를 붙잡고 윽박지르기를 반복했다.

"엄마 봐. 엄마 똑바로 봐."

"대답해. 대답하라고! 너 나 무시하니?"

"대답 좀 해! 뭐 이런 애가 다 있어. 야! 대답하라고!"

그러면서 공부하러 가기 싫다고 하는 아이를 차에서 끌어내려 질질 끌고서라도 강제로 데려다 놓으며 정서적 학대를 일삼았다. 사실 그때는 그것이 학대라고도 생각지 못했다. 그저 기질을 넘어 성질대로 막 퍼부었다. 어떤 결과를 마주할지 상상도 못한 채 말이다.

침묵으로 자신의 상황을 대변하던 아이는 어느 순간 이상증세까지 보였다. 손톱을 물어뜯어 여리고 예쁜 손이 엉망이 되는 것을 보면서도 처음에는 타인의 시선부터 의식했다. 이렇게나 잘 챙기며 사는데 꼭 엄마가 잘못해서 손톱을 물어뜯는 아이로 키웠다고 나를 흉볼까 봐.

뒤늦게 정신을 차리고 생각해보니 엄마인 내가 정말 큰 잘못을 저질렀구나를 알아차렸다. 주변의 지인들이 '계모 같다'는 말을 할 때마다 나는 속으로 절규했다.

'남의 속도 모르고 함부로들 이야기하네. 왜 나한테 난리야. 내 꽃다운 청춘을 바쳐 낳아 키우는데. 잘 키우려고 쉬는 날 없이 좋은 거 다 사주고 먹이는데 남의 속도 모르고 함부로 말해. 내 입장이 되어 보지도 않고서 말이야.'

내게 참 소중한 내 아이이기에 일하면서 엄마의 도움을 받아 여섯 살이 될 때까지 어린이집에도 보내지 않고 키웠다. 혹여나 말도 잘 못하는 아이가 억울한 일이나 당하지 않을까 염려했기 때문이다. 이유식이나 과자도 유기농 유아 대표 브랜드 제품만 먹였고 일곱 살까지 탄산음료도, 그 흔히 먹는 새우깡 하나도 멀리했다. 평일에는 오전에 아이와 시간을 보내고 점심을 먹인 뒤 20~30분 거리를 운전해 아이를 외할머니께 맡기고 다시 30~40분 거리를 운전해 출근했다. 퇴근 후 다시 온 길을 되돌아갔고 혼자 청소, 빨래 등 집안일을 하고 아이를 챙겨 먹이고 씻기기를 감당해야 했다. 그러면서도 주말마다

　엄마의 말투

미술관이나 동물원, 공원 등을 다니며 많은 경험도 하게 하는 등 아이를 위해 내 삶은 온전히 내려놓았다.

눈 내린 어느 겨울날에는 꽁꽁 얼어버린 사차선 도로에서 반대편 차도까지 차지하며 큰 원을 그리며 미끄러지고, 폭우가 쏟아지던 날에는 바로 코앞도 안 보이는 도로를 걷는 것보다 느리게 기어가며 아이를 위한 일상을 반복했다. 아무것도 모르는 아이는 무서우면 무섭다고 울고 마음대로 안 되면 안 된다고 울고 식은땀 흘려가며 운전하는 나는 사는 게 이렇게 힘든데도 어떻게든 살아보려고 애썼다. 폭풍우든 눈보라든 나보다 내 아이의 안전을 더 생각하며 무서워도 두려워도 애써 참으며 눈비 한 방울도 안 맞추려 노력했다.

이런 나의 마음도, 수고도 하나 알아주지 않고 매정하게 변해버린 아이가 참으로 무심하게 느껴졌다. 그런데 어찌하랴. 나는 엄마고 아이는 아무것도 모르는 그냥 아이인 것을. 어느 누구 하나 엄마가 되는 것이 무엇을 말하는지, 어떻게 살아야 하는지, 어떻게 키워야 하는지 알려주지 않았으니 내 방식대로 내 기질과 성격대로 키울 수밖에 없었다.

아이를 낳기 전에 나를 돌아보고 내 상처를 어루만져주었더라면 좋았을 것을. 아이를 낳기 전에 사람에게는 타고난 기질과 성격이 있는데 그 기질의 정서적 욕구를 채워주어야 함을 알았다면… 공감하는 대화 방법을 알았다면 참 좋았을 것을. 나는 아무것도 모르고 아이를 낳아 키우다 된통 당했다.

그래도 다행히 심리공부를 해오던 터라 아이의 이상증상을 알아차릴 수 있었고 그 즉시 아이의 기질을 파악하고 늦게나마 정서적 욕구를 채워주기 시작했다.

엄마와는 눈도 마주치지 않고 말도 하지 않는 침묵을 선택한 아이가 엄마의 작은 노력에 조금씩 변화를 보였다. 말(마음)문을 열어준 것이다.

학교를 마치고 일하는 나에게 전화를 해 쫑알쫑알 학교에서 있었던 일들을 이야기하는데 어찌나 사랑스럽게 느껴지던지 그때의 목소리와 기분을 잊을 수가 없다.

아이에게 어떤 문제가 드러날 때 아이가 바뀌어야 할까 엄마가 바뀌어야 할까? 어떤 이는 아이가 바뀌는 것이 쉽다고 하고 또 어떤 이는 엄마가 바뀌어야 한다고 강력히 주장한다. 어느 주장도 옳지 않다고 할 수 없다. 아이의 연령에 따라 아이가 바뀌어야 할 때도 엄마가 바뀌어야 할 때도 있다.

어느 날 식사 자리에서 '원하는 요구사항을 몇 가지 쭉 적어두고 원하는 대로 해주지 않을 시에는 죽어버리겠다고 하는 아이가 있다면 어떻게 해야 할까?' '그러한 상황에 엄마가 바뀌어야 할까 아이를 바뀌야 할까?'라는 문제로 잠시 대화를 한 적이 있다. 어느 누구는 두들겨 패야 한다고 하고 또 한쪽에서는 아이의 말을 들어봐야 한다고 했다. 나는 순간 드는 생각이 아이가 죽는다는 의미를 알까? 죽는다면 어떤 방법의 죽음을 선택할까? 이런 호기심이 생겼다.

실제 그러한 상황이 생긴다면 아이와 대화를 해보았으면 좋겠다. 죽음을 어떻게 생각하는지, 다양한 죽음의 방법들이 있는데 각각 최후 모습이 어떨지 대화를 나눠보면 좋겠다. 요구사항을 적어 두고 원하는 대로 해주지 않으면 죽겠다는 아이의 협박에는 여러 방법으로 접근할 수 있다.

"너 이렇게 적은 것들을 꼭 갖고 싶고 하고 싶은가 보구나. 네가 이렇게 상세하게 기록해서 무얼 좋아하는지 잘 알게 되었네."

"엄마가 심장이 떨리고 몸에 힘이 다 빠져 아무 생각도 할 수 없어. 너 죽는다는 말에…."

"너 정말 이것들을 갖고 싶고 하고 싶은가 보다. 네 목숨과 바꿀 정도로 그렇게 간절한 거니?"

"어떻게 이런 생각을 했을까? 엄마를 설득하는 방법으로 죽음을 택한 거니?"

"어! 내 아이를 죽게 둘 수는 없지. 그런데 이걸 다 해줄 수는 없는데 어쩌지? 이 중에 몇 가지를 들어줘야 안 죽을 거니?"

"누구야, 너는 앞으로 이 나라를 위해 멋진 일을 해야 하는데 이렇게 일찍 죽으면 어떻게 해. 우리나라를 빛낼 인재가 건강하게 살아 있어야지. 안 그래?"

"엄마가 정말 궁금해서 질문하는 건데 죽음에 대해 너는 어떻게 생각하니?"

아이들의 성향에 따라 이런 여러 접근법이 아이와 맞을 수도 맞지 않을 수도 있다. 아이가 써온 것 중 어디에 초점을 맞출지에 따라 반응이 달라진다. 정답은 없다. 아이가 받아들이는 수준과 정도의 차이에 따라 다르다.

그런데 못해도 몇 번은 연습을 하고 숙달이 되어야 이렇게 반응하는 내공을 펼칠 수 있지 않을까 싶다. 놀라고 화가 나고 무섭고 걱정스러운 엄마들의 심정을 겪어보지 않고 어찌 알겠는가.

주변에도 스쳐지나가듯이 한 번씩 질문을 해봤다. 생각만 해도 싫다는 반응이 대부분이었지만 그래도 굳이 대답을 해야 한다면 이런 반응을 순간적으로 하게 되지 않을까 하고 말했다.

"뭐? 죽어? 그래 죽어라. 죽는 게 어디 그렇게 쉬운 줄 아냐? 어디서 협박질이야!"

"너 죽는 게 뭔지나 알아? 어디서 엄마한테 이런 말도 안 되는 걸 듣고 온 거야?"

"너 이런 거 어디서 배웠어? 누가 이런 나쁜 걸 가르쳐주던?"

"잘하는 짓이다. 이게 엄마한테 할 소리냐? 너는 누굴 닮아 이 모양
이야?"

몇몇 엄마들은 무슨 말이 필요하냐며 그대로 두들겨 패야 정신을
차린다고도 했다. 좋은 말 바른 말 교양 있는 말을 하려고 해도 그
순간에 화가 나고 억장이 무너지는 느낌이 드는 것은 당연할 것이
다. 충격적인 몸의 변화와 버거움을 고스란히 감내하며 열 달을 키
워 낳았다. 요구사항 목록을 적어 다 들어주지 않으면 죽겠다는 순
간까지 엄마 자신의 삶은 내려놓고 애써 키웠는데 억장이 무너지지
않겠는가.

아이가 어릴 때는 가장 기본적인 욕구를 채워주며 잘 반응해주고
조금 자라 말을 할 때에는 아이 말을 경청하고 인정하기를 해왔다면
어땠을까? 그렇게 소통했던 아이가 요구사항 목록을 들이밀며 들어
주지 않으면 죽겠다고 할까?

애초에 엄마노릇을 어떻게 했느냐에 따라 아이의 성장 과정이, 결
과가 달라질 수밖에 없다. 아이를 낳기 전부터 알든, 아이를 낳고 난
후에 알든 아이가 6세 이전에 엄마가 이 사실(엄마 역할의 중요성)을
알았다면 참 다행이다. 바로 변화를 위한 실행이 가능하니 말이다.

그런데 이미 많이 커버린 아이라면 어찌하면 좋은가. 엄마가 변해
야 할까, 아이가 변해야 할까? 답이 없고 막막하게 느껴질 수도 있다.

엄마도 변하기 쉽지 않고 아이도 변하기가 쉽지 않으니 말이다. 가끔은 어찌 아이가 변해 엄마가 같이 바뀌는 경우가 있지만 흔하게는 엄마가 변해야 한다.

엄마의 변화가 아이뿐만 아니라 가정의 변화까지 이끌어낸 결과들을 많이 봐왔기 때문이다. 간혹 아이가 엄마를 이길 수 없어 그냥 자신의 감정도 욕구도 포기하고 순종과 순응을 택하는 경우가 있다. 그 순간에는 순순히 따르는 아이가 엄마의 방식대로 잘 커나가는 것 같아 보인다. 하지만 청소년기 또는 사회인이 되었을 때 생각지도 않은 문제가 발생하는 경우가 종종 있다.

《엄마 반성문》을 쓴 저자의 이야기를 들어봐도 알 수 있고 나와 상담을 진행했던 많은 사례들에서도 볼 수 있었다. 말 잘 듣고 엄마가 이끄는 대로 살아온 아이들이 중요한 순간에 자신을 내려놔 버리거나 폭력적인 모습을 드러내는 경우, 신경증적 증상을 호소하며 정상적인 삶을 살아내지 못하고 관계 맺기에 어려움을 호소하는 경우들이 너무나 많다.

20대 후반 유리 씨는 엄마가 시키는 대로 하라면 하고 하지 말라고 하는 것들은 하지 않으며 살았다. 공부도 잘하고 외모도 어딜 가도 빠지지 않았다. 모 대기업에 취업해 높은 연봉에 주변의 부러움을 받으며 잘 생활하던 어느 날, 갑작스럽게 심리적 이상증상으로 인해 출근을 할 수 없는 상태가 되었다. 정확한 원인을 알 수 없었던 유리 씨는 신경정신과를 찾아 불안과 우울로 인한 처방을 받아 약을 복용하며 하루하루 생활하다가 심리 상담을 받게 되었다.

상담 중에 엄마를 향한 화와 분노의 감정이 드러났고 차근차근 과거의 상처를 회복시키는 노력을 했다. 엄마와 함께 심리 관련 공부도 했다. 유리 씨의 엄마는 힘든 상황에서도 유리 씨를 잘 키우려 애썼던 것들이 유리 씨에게 상처가 되고 문제가 되어 이런 상황이 생길 줄은 꿈에도 몰랐다며 유리 씨가 정상적인 생활만 한다면 못할 것이 없다고 했다. 그러고는 많이 늦었고 몰라서 그랬던 것이지만 미안하다며 딸에게 사과도 했다.

그렇게 관계를 회복하며 유리 씨는 다시 새 직장을 찾아 정상적인 사회생활을 하기까지 2년 여의 시간을 보냈다.

이렇듯 부모가 자식을 이기고 강압적으로 순응과 순종을 끌어냈을 때 결국 그 자녀는 마음의 병으로 넘어질 수 있다.

그냥 지금 어느 시점에 놓여 있든 마음을 내려놓고 조금만 더 따스하게, 조금만 더 친절하게 자녀의 마음을 보듬어주면 어떨까? 엄마의 마음부터 그런 변화를 시작한다면 엄마의 말투 또한 자연스럽게 따스해진다. 그렇게 자녀의 변화를 이끌기 이전에 엄마가 먼저 변해보는 것이 쉽고 더 나은 방법일지도 모른다. 엄마인 내가 그랬듯이.

엄마 변화 시작하기

엄마가 변하기 위해서는 자신을 잘 알고 엄마 역할에서 부족한 면을
깨우쳐야 합니다. 먼저 다음의 사항을 글로 적어보세요.

나는 내 아이 앞에 어떤 엄마일까?

_____

_____

_____

_____

나는 내 아이를 위해 어떤 변화를 노력할 수 있을까?

_____

_____

_____

_____

아이의 자존감을 높이는 엄마의 태도

무엇이든 마음대로 하도록 내버려두는 것이 아이의 생각을 존중하고
마음을 인정하는 것은 아니다. 아이의 욕구는 인정하되
적절한 통제의 순간은 필요하다.

10년차 상담사. 그리고 상담사를 하기 이전부터 지금까지 20년차 미술 교육자의 삶을 살았다. 아이들이 미술을 즐기는 시간에 나는 덩달아 성장한다. 아이들과 함께하는 시간이 너무나 즐겁고 좋다.

그런데 가끔은 엄마들의 무례한 모습을 마주하게 된다. 나도 사람인지라 무례한 엄마와 마주한 후 그 엄마의 아이와 미술 작업을 할 때면 감정이 그렇게 좋지가 않다. 아이들도 눈치가 있어 나를 살피면서 마음껏 미술 활동을 즐기지 못한다.

그러한 몇 번의 경험을 통해 아이들의 귀한 미술시간을 어른들 문제로 망치지 않도록 내 감정을 조절할 방법을 고민하게 되었다. 그렇게 아이들에게 영향을 주지 않도록 노력을 한다. 그런데도 무례한 엄

마의 아이는 눈치를 보거나 주눅 들어 있는 모습을 많이 보게 된다.

나연이의 엄마는 인사를 건네는 나는 안중에도 없고 용건만 툭하고 던지듯 말하고 가버린다.

"선생님, 학교에서 가운데 지름 8센티미터 동그라미를 비운 꽃 한 송이를 그려 오래요. 좀 그려주세요."

뭐라고 답할 틈도 주지 않고 엄마는 문 밖으로 나가버렸다.

세진이 엄마는 학원에 들어오지도 않고 세진이만 들여보낸 후 전화로 숙제를 부탁했다.

"선생님, 가족신문을 만들어야 해요. 글씨 쓰고 사진 붙일 틀만 좀 만들어서 꾸며주세요. 부탁드려요."

이 정도는 애교다. 아이들이 초등학교에 입학하면 처음으로 그림 대회에 참가하는데 교내 과학 상상 그림 그리기 대회다. 엄마들은 아이들의 자존감이 향상되었으면 하는 바람으로 이 대회에서 상을 받게 하기 위해 학원을 보내고 연습을 시키며 마음을 졸인다.

하루는 지우 엄마가 지우와 함께 학원으로 들어왔다.

"선생님, 내일 학교에서 과학 상상 그림 그리기 대회를 한대요. 아이디어를 스케치해오라고 하더라고요."

"네, 어머니. 지우하고 같이 생각해서 그려볼게요."

지우와 과학과 상상을 주제로 이야기하며 새로운 아이디어를 의논했고 지우가 그리고 싶은 내용으로 그림을 그렸다. 생각보다 잘 그려져서 지우도 나도 뿌듯해하며 좋아하는 중에 지우 엄마가 들어왔다.

"선생님, 지우 다했어요?"

"네, 다했어요. 지우 그림 보세요. 아이디어도 그림도 참 멋지죠?"

"그러네요. 잘 그렸네. 선생님 도화지 한 장만 좀 주세요."

"여기 있어요. 내일 이 그림 색칠하는 거 아니에요?"

"아니에요. 그냥 연습해 오라는 숙제예요. 내일 가서 처음부터 다 그려야 해요. 지우야, 너 이 그림이랑 도화지 가지고 가서 처음에는 흰 도화지에 그리고 색칠할 때 얼른 이 그림 꺼내서 해. 알겠지?"

"어머니, 이 그림도 지우가 그린 건데요?"

"아, 망칠까 봐서요. 이건 선생님하고 같이 생각한 거고 내일은 혼자 그려야 하잖아요. 망치면 안 되니까 이렇게 하는 게 좋아요."

"엄마, 이거 다 내 생각 아니야. 선생님하고 같이했어."

"괜찮아, 네가 그렸다며. 그냥 엄마가 시키는 대로 해."

도저히 이해도 용납도 안 됐지만 어찌할 도리가 없었다. 지우는 결국 엄마가 시키는 대로 몰래 스케치한 그림을 꺼내 색칠을 했고 상까지 받아 왔다.

"지우야, 축하해. 그림 그리느라 수고했어. 지우 상 받아서 기쁘지?"

"엄마가 좋아하니까 좋아요. 그런데 선생님, 이 상 내 상 아니에요.

선생님 상 반 내 상 반이에요."

"아니야, 지우야. 이거 지우 상 맞아. 네가 그림 그리고 색칠도 한 거잖아."

"선생님도 같이 생각하고 그림도 설명해줬잖아요. 선생님, 나는 혼자 해서는 절대 상 못 받아요."

마음이 아팠다. 그 상이 뭐라고. 자존감이 높아지는 것이 아니라 오히려 떨어뜨린 것 같았다. 그냥 연습만 하고 지우가 혼자서 즐기며 그려 상을 받았다면 이런 일은 없었을 텐데. 상을 못 받아도 그만큼 속상하지는 않았을 것이다.

가정의 달 5월에는 그림 그리기 대회가 곳곳에서 열린다. 아이들은 엄마 손에 이끌려 대회에 참가하고 아이가 그리다 만 그림을 엄마들이 마저 그리느라 바쁘다. 지우도 엄마 손에 끌려 그림 대회에 참가하고 와서는 이렇게 말했다.

"선생님, 어제 그림 대회에 갔는데요. 애들은 뛰어 놀고 그림은 엄마들이 그렸어요. 그런데 이름은 애들 이름 써서 냈고요."

"맞아. 나도 우리 엄마가 다 그리고 내 이름 적어서 냈어요."

"선생님, 그렇게 해서 상 받으면 엄마 상이에요, 내 상이에요?"

초등학교 1학년짜리 아이의 말을 들으며 너무나 부끄러웠다. 아이들도 다 아는데 어른들은 아이들의 눈이 무섭지도 않은가. 무엇을 가르치고 무엇을 닮게 하고 싶은가.

소연이 엄마는 소연이가 하는 건 다 예쁘다고 말한다. 그림이든 뭐든 소연이의 흔적을 너무나 소중히 여긴다.

"음… 오늘도 멋진 작품을 완성했네."

"아니야. 아직 아니야. 완성은 아니고 조금 덜 한 거야."

"그렇구나. 지금도 멋진데 완성하면 더 멋진 그림이 되겠다."

"응. 엄마, 기다려봐. 내가 또 다른 멋진 거 보여줄게."

소연이와 소연이 엄마는 늘 이런 식으로 대화한다. 하루는 소연이가 간식을 덜 먹어 교실에 들고 들어왔다. 그것을 본 소연이 엄마가 남은 간식을 잠시 보관하겠다고 했다.

"소연아, 엄마가 남은 간식 잘 둘 테니 그림 그리고 다시 먹자."

"아니, 괜찮아. 먹으면서 하면 돼."

"아니야. 엄마는 수업시간에 간식을 먹으면서 하는 건 선생님께도 친구들한테도 미안한 일이라고 생각해."

"그래도 나 먹고 싶단 말이야."

"그래? 그럼 간식 다 먹고 들어가자. 선생님께 가서 얼른 먹고 들어갈게요, 하고 말씀드리고 와."

"엄마가 얘기해주면 안 돼?"

"아니. 엄마가 말씀드려줄 수는 없고 같이 갈 수는 있어."

"알겠어. 그럼 같이 가줘. 내가 말씀드릴게."

문이 열려 있어서 들려오는 대화를 들으며 참 바람직하다, 보통 아이들 같으면 떼를 쓰고 짜증을 낼 것이고 엄마도 덩달아 짜증 내거나 강압적으로 문제를 해결했을 텐데 어쩜 저렇게 평화로운 대화가 있을까 싶었다.

소연이 엄마는 그림 대회든 무슨 대회든 참가에 의의가 있고 탈락도 상을 받는 것도 공부라고 말한다. 소연이에게도 상을 받는 경우와 못 받는 경우를 이렇게 이야기했다.

"소연아, 상은 사람이 정해서 주는 거야. 그래서 상을 주는 사람의 취향에 맞는 그림이라야 하지."

"그래? 그러면 상은 그림만 잘 그려서 받는 게 아니네?"

"그렇지. 그러니까 상을 못 받아도 슬퍼하지 말고 언젠가 너의 그림을 볼 줄 아는 사람이 나타나면 상을 받는다고 생각하면 좋겠지?"

"응, 엄마. 그럼 '내 그림 잘 봐주는 사람이 나타나 상 받게 해주세요' 하고 기도해야겠다."

"엄마도 같이 기도해야겠네."

소연이와 엄마의 대화를 공순법에 연결해보면 이렇다.

소연이 엄마는 소연이가 상을 받지 못하면 슬퍼할까 봐 자신의 염려되는 감정을 잘 인지하고 미리 소연이에게 상과 관련해서 말을 전했다. 소연이는 엄마의 말을 관심 있게 경청하고 의심 없이 받아들였고 자신이 상을 받고 싶어 하는 욕구를 인지하고 마음을 전달했다. 자연스럽게 공순법으로 소통을 한 것이다.

소연이 엄마는 소연이가 어렸을 때부터 가능한 기다렸고 욕구를 인정했다고 한다. 소연이가 이러저러한 이유로 울 때면 뚝 그치라는 말은 한 번도 한 적이 없다고 한다. 울음소리가 듣기는 싫지만 감정을 억압하고 싶지 않았기 때문이었다.

아이를 존중하는 엄마의 태도가 아이 스스로 자신을 존중하고 의사를 분명히 밝힐 줄 알도록 키운다. 당연히 감정을 다스릴 줄 알고 자존감도 높아진다.

결국 엄마가 모범이 되어야 한다. 엄마의 바른 노력은 절대 헛된 것이 없다.

엄마의 노력은
세상의 말투를 바꾸어놓는다

'평안 감사도 저 싫으면 그만이다'라는 속담이 있다.

아무리 좋은 것이라 한들 본인이 싫으면 억지로 시킬 수 없다는 말이다. 결국 선택권을 가지고 할 수도 있고 하지 않을 수도 있다는 의미다.

우리는 삶에서 무수히 많은 선택권을 가지고 저울질하며 산다. 가장 흔하게는 자장면을 먹을까 짬뽕을 먹을까 하는 선택부터 사람과의 관계를 이어갈지 깨뜨릴지의 선택까지. 또 성공을 위해 노력할지 말지의 선택도 일상에서 흔히 마주한다.

우리네 일상에서는 자장면을 먹든 짬뽕을 먹든 그것이 삶에 큰 영향을 주지는 않는다. 사람 또한 인연이 맺어졌다 끊어진다 해도 또 다른 인연이 있고 그로 인한 성장이 있을 뿐 웬만하면 떠난 사람의 빈자리는 또 다른 사람으로 채워진다. 성공을 향한 노력 또한 마찬가지다. 단 한 번의 기회만 주어지는 것이 아니다. 두 번, 세 번, 여러 번의 기회가 평생 다시 주어진다.

그렇다면 아이는 어떨까?

아이를 잘 키우고, 아이와 잘 소통하는 일도 삶의 선택들처럼 큰 영향을 주지 않거나 반복해서 기회가 있을까?

아이를 낳고 키우는 일에서는 대부분 후회를 하고 아쉬움이라는 마음을 내려놓을 수가 없다. 그래서 아주 큰 목소리로 다급하게 외치고 싶다.

"지금이에요! 지금 당장 시작하세요! 머뭇거리지 마세요!"

이 책을 다 읽었다고 덮어두고 '그렇지…' 하고 끝이 아니라는 말이다. 다시 시작하는 마음으로 책의 첫 페이지를 펼치고 이번에는 필요한 부분을 찾아 읽고 어떻게 적용할지 생각해보면 좋겠다.

내 아이에게 공감하기 위해 무엇부터 할 것인가?

나는 내 아이의 마음 이야기에 어떻게 귀를 기울일 것인가?

아이의 말과 행동, 타고난 기질 등을 어떻게 인정해주어야 할까?

아이의 마음과 생각, 내 마음과 생각을 인지하기 위해 무엇을 해야 할까?

'엄마는 너를 위해 노력하고 있어. 엄마는 너를 인정하고 존중해.' 이 실천할 수 있는 방법들은 이 책에 다 기록되어 있다.

한 번 읽었다고 다 실천할 수 있는 게 아니다. 다시 읽으며 줄을 긋고 이미 그어놓은 줄이 있으면 또 반복해서 읽으면서 적용할 것들을 기록하면 그사이 변화는 분명히 일어난다. 책을 읽으면서 생각이 바뀐다. 생각이 바뀌면 그 생각이 행동을 변화시키고 행동의 변화는 습관을 만들어준다. 습관이라는 것은 삶을 완전히 바꾸어놓는 결과를 마주하게 한다. 그러니 우리 엄마들은 예쁜 말투, 좋은 말투, 고운 말투를 습관으로 만드는 노력을 했으면 한다. 나 역시 '예쁜 말투, 좋은 말투, 고운 말투로 공감하기'를 하려는 습관들이기를 여전히 진행 중이다. 참 어렵다. 쉽지는 않다. 그래도 엄마니까 마음을 다잡고 다시, 다시, 또다시를 새기며 반복하고 있다.

혹여 부족한 자신의 모습에 좌절감이 생긴다면 괜찮다고 말해주고 싶다.

"괜찮아요. 그럴 수 있어요."

때로는 모든 것을 내려놓고 하고 싶은 대로 편히 쉬어도 괜찮다. 너무 애쓰고만 살지 않아도 괜찮다는 말이다. "지금이에요! 당장 시작하세요!" 하고 말하고는 뜬금없이 괜찮다니 이해가 안 될 수도 있겠지만 잠시 내려놓아도 괜찮은 이유가 있다.

0에서 10까지의 행복지수가 있다고 가정을 해보자.

엄마가 아이를 위해 말투를 바꾸고 공감하기를 열심히 노력했다. 그로 인해 0이었던 아이의 행복지수가 3 또는 4 정도의 레벨로 상승했다. 그런데 엄마가 지쳐버린 것이다. 안 하던 공감을 하려니 참고 인내해야 하는 순간들에 스트레스가 이만저만이 아니라 힘이 빠져버렸다. 또는 이전보다 좋아진 아이의 모습에 잠시 방심해버려서 노력하기 이전의 말투로 돌아가 버렸거나 너무 편안하게 아이를 혼내고 야단치며 아이의 말을 무시하고 가르치기만 급급한 엄마의 모습을 발견했다고 하자.

그렇게 되돌아간 엄마로 인해 아이의 행복지수도 다시 원점인 0으로 돌아갈까? 아니다. 1, 2단계의 하락은 있지만 원점으로 돌아가지는 않는다. 이미 노력하는 엄마의 모습을 가슴에 담고 있기 때문이다. 그 모습을 배웠기 때문이다. 더 중요한 것은 잠시 노력을 내려놓았어도 힘을 내어 다시 노력하는 엄마의 모습을 보여주는 것이다. 그것이 아이의 행복지수를 높일 뿐만 아니라 아이가 삶을 살아갈 때 언제든 다시 하면 된다는 배움을 얻게 한다.

또 한 번 큰 소리로 외치고 싶다.

"너무 애쓰지 마세요. 괜찮아요. 작심삼일(作心三日)로만 하세요."

엄마는 엄마 자신을 위해 또 사랑스러운 아이를 위해 공순법(공감순환법)으로 공감하기를 딱 작심삼일로만 하면 좋겠다. 작심삼일로 하고 잠시 쉬어가도 다시 작심삼일을 하면 그렇게 이어져서 사흘이 백일이 되고 천일이 되니 말이다. 끝까지 포기만 하지 않았으면 좋겠다.

우리 엄마들의 노력이 엄마 자신을 변화시키고 그 변화가 아이를 멋지게 키워 가정이 행복해질 것이다. 그 가정에서 자란 아이들은 세상의 리더가 된다.

결국 우리 엄마들의 노력은 세상의 말투를 바꾸어놓는 결과를 만드는 것이다.